Stephan Pflaum

Lothar Wüst

Der Mentoring Kompass für Unternehmen und Mentoren

Persönliche Erfahrungsberichte, Erfolgsprinzipien aus Forschung und Praxis

Stephan Pflaum
Career Service der LMU München
München, Deutschland

Lothar Wüst
CORMENS GmbH
München, Deutschland

ISBN 978-3-658-22529-2   ISBN 978-3-658-22530-8   (eBook)
https://doi.org/10.1007/978-3-658-22530-8

Die Deutsche Nationalbibliothek verzeichnet diese Publikation in der Deutschen Nationalbibliografie; detaillierte bibliografische Daten sind im Internet über http://dnb.d-nb.de abrufbar.

Umschlaggestaltung: deblik Berlin

Springer ist ein Imprint der eingetragenen Gesellschaft Springer Fachmedien Wiesbaden GmbH und ist ein Teil von Springer Nature
Die Anschrift der Gesellschaft ist: Abraham-Lincoln-Str. 46, 65189 Wiesbaden, Germany

Vorwort

Südafrika. Vor einigen Jahren irgendwo zwischen Johannesburg und Pilanesberg. Es war mitten auf dem Highway, vor und hinter uns ein paar Autos. Wir waren schon eine Zeit lang unterwegs, mein Fahrer und ich. Umstände hatten es erforderlich gemacht, dass ich außerplanmäßig länger in Johannesburg blieb und so vertrieb ich mir die Zeit mit allerlei Aktivitäten.

Wir unterhielten uns nun schon seit Stunden und plötzlich wollte der Fahrer wissen, ob ich denn noch eine Oma hätte. Ich bejahte. Wie alt diese sei? 94 sagte ich, woraufhin der Fahrer seinen Kopf nach hinten riss und das Auto auf dem Highway nahezu zum Stehen brachte. Ich war sichtlich beunruhigt und wunderte mich ob seines Verhaltens.

Schließlich sagte er: „You are a rich man, because you still have her. Whenever you have a problem, the only thing you have to do is to approach her. You have to be glad as she knows all the answers".

Zugegebenermaßen hatte ich das noch nie so betrachtet. So sehr ich meine Oma auch mochte, wurde mir an seiner Reaktion und weiteren Erfahrungen, die ich bei meinen Besuchen in Südafrika sammeln durfte, deutlich, dass Alter und Seniorität dort einen völlig anderen Stellenwert haben, als bei uns in Deutschland.

Überspitzt formuliert gilt Alter bei uns gesamtgesellschaftlich teils eher als Manko, denn als Reichtum. Wie oft wenden wir uns denn tatsächlich noch an ältere Menschen, um diese nach Rat zu fragen? Viel häufiger kann man doch beobachten, dass Jüngere eher genervt als dankbar reagieren, wenn die ältere Generation ihre Geschichten und Erfahrungen mit ihnen teilen will, um sie auf ihrem Weg zu unterstützen.

Eine neue Wertschätzung erfährt das Gut der in der älteren Generation liegenden Erfahrung nun wieder in Mentoring-Programmen, die inzwischen in immer mehr Unternehmen für einen wertvollen Wissenstransfer sorgen. Hier suchen sich jüngere Menschen bewusst erfahrenere und damit in der Regel auch ältere Mentoren und wollen von deren Erfahrungsschatz profitieren. Das Grundprinzip ist selbst bei Reverse Mentoring-Programmen dasselbe, auch wenn sich hier die Seniorität nicht im Alter, sondern im Wissensschatz begründet.

Im Mentoring wird in erster Linie praktisches Wissen vom Mentor an den Mentee weitergegeben. Ganz in diesem Sinne wollen wir als erfahrene Organisatoren von Mentoring-Programmen Ihnen als Leser einen an der Praxis orientierten Kompass an die Hand geben. Wenn Sie dieses Buch weiterlesen, dann treffen Sie eine Wahl. Nicht nur über Ihre geschätzte Zeit, sondern auch darüber, wie Sie sich dem Thema Mentoring nähern wollen.

Liegt Ihnen sehr daran, eine lange Herleitung zu erhalten, welche Arten von Mentoring es gibt, wann diese das erste Mal verwendet wurden und wer dazu schon alles etwas publiziert hat, dann werden wir Sie mit diesem Buch wahrscheinlich eher enttäuschen.

Für diesen Ansatz gibt es nämlich bereits zahlreiche empfehlenswerte Werke, von denen Sie auch einige in unserem Literaturverzeichnis finden können. Wenn Sie hingegen viele reale Erlebnisse sowie Erfolgsrezepte von Mentoren und Mentees – teils im Originalton – lesen wollen und konkrete Tipps erhalten möchten, wie Sie Mentoring erfolgsversprechend praktizieren und in ihrem Unternehmen einführen können, dann bleiben Sie auf den nächsten Seiten bei uns.

Vielleicht an dieser Stelle ein paar Worte zu uns:

Stephan Pflaum promovierte über das Thema Mentoring und leitet seit 2012 an der LMU München das in Deutschland größte universitäre Mentoring-Programm. Jedes Jahr schickt er mehr als 500 Mentoring-Tandems auf die Reise, hat viele namhafte Unternehmenspartner aus allen Branchen für das Programm gewonnen und bietet zahlreiche Seminare und Events für Mentoren und Mentees an. Somit ist er auf theoretischer und praktischer Ebene ein ausgewiesener Experte auf dem Gebiet des Mentorings.

Lothar Wüst ist Gründer und Geschäftsführer der Cormens GmbH und seit etwa 20 Jahren als Berater, Executive-Coach und Leadership-Trainer tätig. Er beschäftigt sich seit mehr als 15 Jahren mit dem Thema Mentoring, hat die Einführung von Mentoring in Unternehmen begleitet, zahlreiche Mentoren-Qualifizierungen durchgeführt und ist selbst als Mentor aktiv. Ihn faszinieren dabei die zahlreichen, teils sehr persönlichen Geschichten und Erfolgserlebnisse, die er von Mentees und Mentoren hören durfte. Daraus hat er für sich eine Vielzahl an Methoden abgeleitet, die erfolgreiches Mentoring wahrscheinlich machen.

Im Mentoring gibt es viele verschiedene Varianten, Wege, Vorgehensweisen und Herausforderungen. Damit Sie den Überblick behalten, haben wir für Sie diesen Mentoring-Kompass geschaffen, der ihnen praktische, schnelle und sichere Orientierung zum Thema bietet.

Dr. Stephan Pflaum
Lothar Wüst

Danksagung

Der vorliegende Mentoring-Kompass verdankt seine Entstehung dem Engagement vieler Akteure, auf deren Mentoring-Erfahrung die Autoren bauen. Ihnen gilt unser herzlicher Dank.

Wir bedanken uns bei den Mentoren und Mentees, die unseren Mentoring-Kompass mit ihren persönlichen Erfahrungsberichten mit Leben füllten und es uns so ermöglichten, diesen maximal praxisorientiert zu gestalten. Darunter insbesondere:

Günter D. Alt, Neele Ansmann, Dr. Jochen Baierlein, Denis Baldyga, Simone Bayer, Dr. Reinhilde Brandis, Peter Buckel, Dr. Alexander Elsner, Dirk Erfurth, Dr. Till Fincke, Dr. Sibylle Franckenberg, Matthias Fuchs, Dr. Karl Gosejacob, Alexa Hardtke, Angelika Härlin, Dr. Konrad Hilbers, Dr. Sebastian Janka, Thomas Jurisch, Laura Klimecki, Kiki Koch, Kristin Kusser Alexandra Mächtel, Stella Mayer, Maria Manitta, Dr. Frauke Marwehe, Verena Rau, Susanne Richter, Angelika Schindler, Katja Scholz, Ines Schönberg, Stefan Schröder, Annett Schubert, Thomas Thiemann, Laura Ulrich, Alexander Weber, Dr. Andrea Widdel, Ernst Wittmann, Josef Wolf, Dr. Petra Zamagna.

Der Dank gilt auch dem Mentoring-Team der LMU München, das gemeinsam mit Stephan Pflaum inzwischen mehr als 500 Mentoring-Tandems pro Jahr neu matcht und begleitet: Annette Tensil, Jan Batzner, Michael Brielmaier und Kenny Smiles Lartey.

Auch danken wir ganz herzlich Susan Berger und den Mentoren Raphaela da Costa von Gehlen, Corinna Riederer, Julian Schroeter und Yannick Henßler von der BayWa AG für die Interviews und umfassenden Erfahrungsberichte zum Thema Reverse Mentoring.

Dr. Alexandra Hauser vervollständigt mit ihrem Gastbeitrag zum Peer-to-Peer-Mentoring-Programm der LMU München unsere Perspektive auf das vielseitige Thema Mentoring in diesem Buch. Wir danken ihr und zwei der Teilnehmerinnen des Programms, Vanessa Rau und Anna Gieschen.

Unser Dank gilt auch den Unternehmen, die insbesondere das Mentoring-Programm der LMU München seit vielen Jahren mit ihren entsandten Mentorinnen und Mentoren sowie mit ihrem Engagement auf unseren Events bereichern:

Academic Work, Aldi Süd, arvato, Basycon, Bertelsmann, Capgemini, d-fine, Horváth & Partners, Generali Deutschland, Glaxo Smithkline, Hays, Hogan Lovells, Hubert Burda Media, Interhyp Gruppe, Kienbaum, Microsoft Deutschland, Swiss Re, thaltegos.

Wir danken ausdrücklich Aisha el Rifai für ihre wunderbare redaktionelle Unterstützung und ihre Energie, mit der sie uns immer wieder auf noch zu verbessernde Punkte in dem Manuskript hinwies und dadurch für Stringenz in unseren Gedanken sorgte.

Im Sinne der Lesbarkeit sprechen wir von Mentoren und Mentees und verwenden die männliche Form. Wir betonen an dieser Stelle, dass Mentoring alles andere als ein männliches Thema ist. In der Forschung sowie in der Praxis spielt das Geschlecht in erfolgreichen Tandems schon beim Matching eine untergeordnete und beim Erfolg von Mentoring gar keine Rolle (Pflaum 2016). Wir empfehlen auch bei Führungs- und Spezialisten-Nachwuchsprogrammen für Frauen die Bildung gemischter Tandems anzustreben. Generell raten wir dazu, Mentoring-Programme in Unternehmen allen Mitarbeiterinnen und Mitarbeitern zur Bewerbung zugänglich zu machen.

Inhaltsverzeichnis

1	**Grundwissen Mentoring**	1
1.1	**Mentoring ist aktueller denn je**	2
1.2	**Mentoring bietet eine Vielfalt an Themengebieten**	2
1.3	**Wie die Organisation von Mentoring profitiert**	3
1.3.1	Die Identifikation mit der Organisation steigt.	3
1.3.2	Neue informelle Netzwerke füllen die formale Organisation mit Leben.	3
1.3.3	Learning on the job	4
1.3.4	Beitrag zur Entwicklung der Unternehmenskultur	4
1.4	**Der Nutzen für den Mentee**	4
1.4.1	Unterstützung bei konkreten Fragestellungen.	4
1.4.2	Neue Perspektiven und Hilfestellung bei den Karriereplänen	5
1.4.3	Steigerung der Problemlösungskompetenz und Persönlichkeitsentwicklung.	5
1.4.4	Aufbau neuer Netzwerke im Unternehmen.	6
1.5	**Zahlreiche Vorteile auch für den Mentor**	7
1.5.1	Einblick in die Denk-, Arbeits-, Studien- und Lebenswelt einer anderen Generation	7
1.5.2	Das Gefühl etwas zurückgeben zu können	8
1.5.3	Steigerung der eigenen Coaching- und Führungskompetenz	8
1.5.4	Anerkennung von Kollegen und Führungskräften	9
1.5.5	Stärkung der eigenen beruflichen Identität.	9
1.5.6	Eigene Karrierefortschritte	9
1.5.7	Kontakt zu Talenten und potenziellen zukünftigen Mitarbeitern.	10
	Literatur	10
2	**Theorie & Wissenswertes**	11
2.1	**Mentoring in all seinen Formen.**	12
2.1.1	Internes Mentoring	13
2.1.2	Externes Mentoring.	13
2.1.3	Klassisches Mentoring	14
2.1.4	Cross Mentoring	14
2.1.5	Peer Mentoring.	14
2.1.6	Gruppen Mentoring.	15
2.1.7	Reverse Mentoring.	15
2.1.8	Blended oder e-Mentoring	15
2.1.9	Cross-Gender oder Equal-Gender-Mentoring	16
2.2	**Welcher Typ Mentor sind Sie?**	16
2.2.1	Der weise Berater	17
2.2.2	Die neutrale Instanz.	18
2.2.3	Der Krisenmanager	18
2.2.4	Der Aktivierer.	19
2.2.5	Der Zuhörer	20
	Literatur	21

3   **Praxis: Mentoring-Kompass für Unternehmen**........................ 23
3.1   **Mit dem Mentoring-Kompass erfolgreich arbeiten** 25
3.2   **Rekrutierung der Mentoren und Profilbogen**............................ 25
3.2.1   Anforderungen an einen guten Mentor 25
3.2.2   Vorschlag für einen Mentoren-Profilbogen 27
3.3   **Rekrutierung der Mentees und Profilbogen**............................ 29
3.3.1   Anforderungen an einen guten Mentee.. 29
3.3.2   Vorschlag für einen Mentee-Profilbogen 30
3.4   **Wie lehnt man ungeeignete Mentoren-Kandidaten ab?** 31
3.5   **Der Matching-Prozess** 32
3.5.1   Die Organisation matcht Mentor und Mentee 33
3.5.2   Der Mentor wählt den Mentee aus.. 33
3.5.3   Der Mentee wählt den Mentor aus 33
3.6   **Guter Rat ist nicht teuer** 35
3.6.1   Das erste Treffen vorbereiten und meistern 35
3.6.2   Die Erwartungshaltungen konkretisieren.................................... 39
3.6.3   Wer fragt, führt gute Gespräche 41
3.6.4   Auch gute Ratschläge sind zuweilen Schläge............................... 44
3.7   **Entscheidungsprozesse begleiten** 48
3.7.1   Neue Optionen eröffnen 49
3.7.2   Emotionale Unterstützung bei wichtigen Entscheidungen 50
3.7.3   In Krisen unterstützen und Grenzen erkennen.............................. 52
3.8   **Ein Tandem auf Augenhöhe** 53
3.8.1   Was erwarten Mentees?.. 54
3.8.2   Der Mentor als besonderer Ansprechpartner 54
3.8.3   Die Kommunikation optimal gestalten 54
3.8.4   Fachliches und Persönliches richtig sondieren............................. 56
3.8.5   Die eigene Rolle reflektieren.. 56
3.9   **Netzwerke analysieren und knüpfen**.................................... 56
3.9.1   Vorhandene Ressourcen analysieren.. 57
3.9.2   Empfehlungen und Referenzen aussprechen 58
3.9.3   Berufliche und persönliche Netzwerke teilen 58
3.10   **Klingt nach einem guten Plan** 58
3.10.1   Typische Verläufe von Mentoring-Beziehungen 58
3.10.2   Verbindlich und nachhaltig zusammenarbeiten 61
3.10.3   Wenn es im Tandem knirscht.. 63
3.10.4   In die Selbstständigkeit führen 64
3.10.5   „Auch die guten Dinge haben ein Ende." 65
3.10.6   Ehemalige Mentees sind die besten Mentoren!............................. 65
3.11   **Mentoring im Unternehmen etablieren**................................. 65
3.11.1   Konzept, Qualitätssicherung und Evaluation 66
3.11.2   Das A und O: das Commitment der Organisation 68
         Literatur 68

4	**Berichte aus drei erfolgreichen Projekten**	69
4.1	**Reverse Mentoring in der BayWa AG**	70
4.1.1	Großer Nutzen in vielen Unternehmensbereichen	70
4.1.2	Hohe Flexibilität in Zeitrahmen und Inhalten	71
4.1.3	Hochwertige Personal- und Organisationsentwicklung	71
4.1.4	Mentoren und Mentees profitieren	72
4.1.5	Führungsebenen für das Programm gewinnen	74
4.1.6	Wichtige Voraussetzungen für erfolgreiches Reverse Mentoring....................	75
4.1.7	Planung und Ablauf eines Reverse Mentoring-Programms	76
4.1.8	Interview mit der Programmverantwortlichen......................................	78
4.2	**Mentoring am Übergang vom Studium in den Beruf**	79
4.2.1	„Man sieht den Wald vor lauter Bäumen nicht!".....................................	80
4.2.2	Motivation und Erwartungshaltungen der Teilnehmer	81
4.2.3	Rekrutierung der Mentoren und Mentees	82
4.2.4	Matching..	83
4.2.5	Inhalt der Gespräche und Entwicklung der Beziehung	83
4.2.6	Was macht erfolgreiches Mentoring aus?...	84
4.2.7	Mentoring als Recruiting-Instrument..	88
4.3	**Kein Sprung ins kalte Wasser: Peer-to-Peer-Mentoring**	89
4.3.1	Peer-to-Peer-Mentoring als Onboarding-Instrument..............................	90
4.3.2	Das Besondere an Peer-to-Peer-Mentoring	91
4.3.3	Was sind positive Effekte von Peer-to-Peer-Mentoring?	93
4.3.4	Erfolgsfaktoren für Peer-to-Peer-Mentoring	94
4.3.5	Fazit: Peer-to-Peer-Mentoring lohnt sich!...	97
	Literatur	98
	Serviceteil	
	Auf einen Blick!	100
	Literatur..	107

Grundwissen Mentoring

1.1   Mentoring ist aktueller denn je – 2

1.2   Mentoring bietet eine Vielfalt an Themengebieten – 2

1.3   Wie die Organisation von Mentoring profitiert – 3
1.3.1   Die Identifikation mit der Organisation steigt – 3
1.3.2   Neue informelle Netzwerke füllen die formale Organisation mit Leben – 3
1.3.3   Learning on the job – 4
1.3.4   Beitrag zur Entwicklung der Unternehmenskultur – 4

1.4   Der Nutzen für den Mentee – 4
1.4.1   Unterstützung bei konkreten Fragestellungen – 4
1.4.2   Neue Perspektiven und Hilfestellung bei den Karriereplänen – 5
1.4.3   Steigerung der Problemlösungskompetenz und Persönlichkeitsentwicklung – 5
1.4.4   Aufbau neuer Netzwerke im Unternehmen – 6

1.5   Zahlreiche Vorteile auch für den Mentor – 7
1.5.1   Einblick in die Denk-, Arbeits-, Studien- und Lebenswelt einer anderen Generation – 7
1.5.2   Das Gefühl etwas zurückgeben zu können – 8
1.5.3   Steigerung der eigenen Coaching- und Führungskompetenz – 8
1.5.4   Anerkennung von Kollegen und Führungskräften – 9
1.5.5   Stärkung der eigenen beruflichen Identität – 9
1.5.6   Eigene Karrierefortschritte – 9
1.5.7   Kontakt zu Talenten und potenziellen zukünftigen Mitarbeitern – 10

Literatur – 10

© Springer Fachmedien Wiesbaden GmbH, ein Teil von Springer Nature 2019
S. Pflaum, L. Wüst, *Der Mentoring Kompass für Unternehmen und Mentoren*,
https://doi.org/10.1007/978-3-658-22530-8_1

1

1.1 Mentoring ist aktueller denn je

Mentoring erlebt heute eine große Aktualität, auch wenn der Begriff selbst aus der griechischen Mythologie stammt. Odysseus, der bekanntermaßen öfter mal nicht zuhause war, bat seinen Freund Mentor, sich während seiner Abwesenheit um seinen Sohn Telemach zu kümmern und ihn auf die bevorstehende Aufgabe als König vorzubereiten.

Damals wie heute waren wohl geschäftige Väter häufig außer Haus und ganz von ihren Aufgaben beschlagnahmt. Odysseus, den man heutzutage als Geschäftsreisenden betrachten könnte, merkte aber, wie sehr seinem Sohn Telemach eine elterliche Figur, ein Unterstützer, eine Vertrauensperson helfen würde, um ihn bei wichtigen Entscheidungen, Identitätsfragen und seiner Lebensplanung zu unterstützen.

Genau darin liegen auch der größte Mehrwert und die hohe Aktualität von Mentoring heute.

Im Vergleich zu vorangegangenen Generationen ist die Gestaltung des eigenen Lebens heutzutage eine persönliche Freiheit und damit zugleich eine Last für manche Menschen. Wenn vorgegebene Lebenswege und klare Karrierepfade wegfallen, ist der Einzelne auf sich selbst angewiesen, um Antworten zu finden und das eigene Leben in die Hand zu nehmen. Diese Individualisierung von Lebens- und Karrierefragen bietet unglaublich viele Chancen, beinhaltet aber damit auch eine Menge Entscheidungsbedarf. Darauf sind die Menschen unterschiedlich gut vorbereitet und meistern dies entsprechend unterschiedlich gut. Soziologen sprechen hier von „riskanten Freiheiten" (Beck und Beck-Gernsheim 1994) oder der „Karriere ohne Vorlage" (Allmendinger 2005).

1.2 Mentoring bietet eine Vielfalt an Themengebieten

Viele Mentoring-Programme setzen daher sinnvollerweise dort an, wo Menschen wichtige Entscheidungen für sich zu treffen haben. Erfahrene Mentoren unterstützen ihre meist jüngeren Mentees bei deren Entscheidungsfindung, beispielsweise in folgenden Bereichen:

- Gestaltung des Studiums
- Frage nach der Berufswahl
- Der gelungene Einstieg im neuen Unternehmen
- Persönliche Karriere- und Lebensplanungen
- Erfolgreich sein als Start-up-Unternehmer
- Frauen in Führung
- Vereinbarkeit von Beruf und Familie

In Reverse Mentoring-Programmen gibt es in den letzten Jahren einen weiteren Themenschwerpunkt, nämlich die Digitalisierungs- und Social-Media-Kompetenz bereits erfahrenerer Mitarbeiter zu erhöhen. In diesen Programmen sind die Mentoren meist zwischen 20 und 30 Jahre und die Mentees zwischen 40 und 65 Jahre alt. Ein praktisches Beispiel für ein erfolgreiches Reverse Mentoring-Programm stellen wir Ihnen in ▶ Abschn. 4.1 vor.

Entscheidungen spielen also eine zentrale Rolle im Mentoring. Was im Umgang mit Entscheidungen im Mentoring wichtig ist, warum nicht die zu wählenden Alternativen oft das Problem sind, sondern wie der Mentee seine Entscheidung konstruiert und wobei ein Mentor von großer Hilfe sein kann, erläutern wir in ▶ Abschn. 3.7 noch näher.

Wenn Mentees durch das Mentoring eine gute Idee bekommen, wie sie für sich wichtige Entscheidungen treffen können, liegt der Nutzen des Mentorings klar auf der Hand. Dennoch ist es wertvoll, einen detaillierten Blick darauf zu werfen, wer alles vom Mentoring profitiert.

Dabei gibt es mindestens drei Parteien, die in einem Mentoring-Prozess involviert sind:

- eine Organisation, die das Programm initiiert,
- Mentoren, die ihre Erfahrung und Zeit zur Verfügung stellen
- und Mentees, die sich Antworten auf ihre Fragen erhoffen.

Lassen Sie uns einen Blick auf die einzelnen Parteien und den Nutzen für diese werfen.

1.3 Wie die Organisation von Mentoring profitiert

Mentoring-Programme werden in der Regel von

- Unternehmen (unternehmensintern oder auch übergreifend)
- Hochschulen (für Studierende oder auch in Alumni-Netzwerken) und
- Verbänden initiiert.

Für die Organisation entstehen dabei vielfältige Nutzen in den unterschiedlichsten Bereichen.

1.3.1 Die Identifikation mit der Organisation steigt

Sowohl Mentoren als auch Mentees finden es gut, dass die Organisation etwas für die Mitglieder macht, dieses Angebot zur Verfügung stellt und sich um ihre Mitglieder kümmert. Wenn es sich bei der Organisation um ein Unternehmen handelt, dann empfinden die Mentees häufig Dankbarkeit ob es Angebots und fühlen sich dadurch auch in der Wahl Ihres Arbeitgebers bestätigt. Dies führt letztlich zu einer gesteigerten Bindung und Identifikation mit dem Unternehmen.

1.3.2 Neue informelle Netzwerke füllen die formale Organisation mit Leben

Organisationen in ihrer klassischen Top-Down-Strukturierung befinden sich derzeit in der Krise. Sie können teils nicht mehr schnell genug auf Anforderungen von außen reagieren. Daher sind sie dauerhaft damit beschäftigt, ihre Organisationsmodelle entsprechend anzupassen. Auch sehr traditionelle Verständnisse von Top-Down Führung befinden sich aktuell im Umbruch.

Unternehmen versuchen nun Antworten zu finden, indem sie sich mit neuen Organisationsformen und Arbeitsmethoden beschäftigen. Scrum, Kanban, agile Methoden, Holocrazy und viele andere seien hier nur exemplarisch genannt. Es geht an dieser Stelle nicht darum, diese Methoden, deren Vor- und Nachteile und manch irrige Annahme im Einzelnen zu beleuchten, aber sie haben in der Regel eines gemeinsam: sie wollen dafür Sorge tragen, dass schnelle Kommunikation über Hierarchiegrenzen hinweg möglich ist.

1

Und genau dies passiert im Mentoring in jedem einzelnen Fall und zwar nicht nur im direkten Austausch zwischen Mentor und Mentee, sondern häufig stellt ein Mentor für seinen Mentee auch weiteren Kontakt auf seiner Ebene her. Dadurch wächst das Netzwerk des Mentees innerhalb der Organisation und wir kennen viele Fälle, bei denen Mentees nach einem Mentoring-Programm eine deutlich andere Verdrahtung in der Organisation hatten und sich damit auch ihre „alltäglichen Problemchen" in der Organisation schneller lösen ließen.

Somit funktioniert Mentoring in modernen Unternehmen nicht nur als erfolgreiches Kommunikations-Netzwerk, sondern trägt auch ganz im Geiste gegenwärtiger Organisationsentwicklung zur Unterstützung moderner Organisationsformen bei.

1.3.3 Learning on the job

Der Mentee erhält wichtige Einblicke in den Tagesablauf, die Themen und die Kommunikationswege des Mentors. Dadurch wird ihm viel informelles Wissen über die Organisation und über fachliche Themen vermittelt, welches sich nur schwer in Seminare packen ließe. Somit ist Mentoring ein Wissenstransfer aus der Praxis für die Praxis.

1.3.4 Beitrag zur Entwicklung der Unternehmenskultur

Die oben beschriebenen informellen Netzwerke führen dazu, dass Wissen anders fließt, dass Mentoren und Mentees mehr von ihren Unternehmensbereichen, Lebensphasen und Karriereverläufen erfahren. Wenn Organisationen also Mentoring-Programme initiieren, dann wünschen sie dieses Maß an Offenheit und Austausch. Wenngleich genau darin auch ein kritischer Punkt liegen kann. Gerade bei sehr kleinen Unternehmen könnte es passieren, dass der Mentor beispielsweise die Führungskraft des Mentees sehr gut kennt. Dies kann Auswirkungen auf das wechselseitige Vertrauensverhältnis haben, daher sollten in einem solchen Fall klare Spielregeln hierzu vereinbart werden.

1.4 Der Nutzen für den Mentee

Für die Mentees lassen sich viele unterschiedliche Vorteile aus einer Teilnahme an Mentoring-Programmen nachweisen.

1.4.1 Unterstützung bei konkreten Fragestellungen

Der vordergründig größte Nutzen liegt für Mentees darin, dass sie Antworten auf Fragen erhalten, die sie aktuell bewegen. Ein kniffeliges Problem mit einer erfahrenen Person zu diskutieren ist etwas sehr Wertvolles. Besonders dann, wenn die Person nicht unmittelbar aus dem sozialen System des Mentees kommt. Tipps und Ratschläge von Freunden, der Familie, des Partners oder des Vorgesetzten haben mit Sicherheit oft ihren Wert, sind aber immer aus einer gewissen Perspektive „getrübt" und selten völlig ohne Eigeninteresse.

Ein Mentor sollte qua Rolle so gut wie kein Eigeninteresse verfolgen, außer hilfreich sein zu wollen. Daher schätzen Mentees auch das persönliche Feedback des Mentors zu Fragen der Persönlichkeit oder bei wichtigen Entscheidungen.

Mentee - Es ging darum, ob ich eine fachliche oder eine Führungslaufbahn einschlagen sollte. Ich habe meinen Mentor um sein Feedback gebeten, wie er mich hier wahrnimmt. Und das hat mir bei meiner Entscheidung sehr geholfen.

Mentor - Wir haben im Tandem mehrere Entscheidungen gemeinsam durchdiskutiert, wobei es mir aber immer wichtig war, über alles zu sprechen, meinem Mentee aber letzten Endes nie die Entscheidung abzunehmen, sondern sie ihn selbst treffen zu lassen. Hier war ich als Zuhörer und Impulsgeber gefragt.

1.4.2 Neue Perspektiven und Hilfestellung bei den Karriereplänen

Gerade Personen, die am Anfang einer Karriere stehen, werden immer wieder von Unsicherheiten geplagt, haben aber zugleich das Gefühl, sie dürften diese Unsicherheit nicht nach außen zeigen. Hier ist es hilfreich, in dem Mentor einen Austauschpartner zu haben, mit dem man Zweifel oder Fragezeichen angehen kann.

Mentee - Ich habe immer viel zu lange gezögert, wenn es um den nächsten Karriereschritt ging. Bin ich schon bereit? Mein Mentor hat mir Mut gemacht, ins kalte Wasser zu springen. Und er hat mir angeboten, immer als Backup für mich da zu sein, wenn es tatsächlich mal kriseln sollte.

Mentor - Erstaunlich, wie ein so fähiger Mensch von so vielen Zweifeln geplagt sein kann und dann noch das Gefühl hat, er dürfe diese Zweifel als vermeintliche Schwäche nicht nach außen zeigen. Für mich war es toll zu sehen, wie ihm da in unseren Gesprächen gleich mehrere Steine von der Schulter fielen.

Mentoren können dem Mentee auch dabei helfen, neue Karriereperspektiven zu eröffnen. Das geht vom Andenken neuer Karrierepfade bis hin zur direkten Empfehlung für einen neuen Job.

Mentee - Ich war erfolgreich in meiner Tätigkeit. Aber nach zwei Jahren habe ich gemerkt, dass das nicht das ist, was ich die nächsten fünf Jahre weiter machen will. Die Gespräche mit meinem Mentor haben mir zwei neue Berufsfelder aufgezeigt, die mir besser schienen. Zudem hat mir der Mentor gute Kontakte in alternative Handlungsfelder vermittelt.

Mentor - Ein bisschen musste ich da schmunzeln, weil ich mich selbst in meinem Mentee wieder-erkannte. Ich war selbst ein paar Jahre zu viel in der ‚falschen' Branche unterwegs, bis ich mich ent-schloss, etwas ganz Anderes zu machen. Dass ich meinen späten Wechsel nicht bereute und dass man das auch nach Abwägung durchaus früher machen kann, damit habe ich meinen Mentee ermuntert, seinen Wechsel anzugehen.

1.4.3 Steigerung der Problemlösungskompetenz und Persönlichkeitsentwicklung

Im Mentoring ist schon viel erreicht, wenn der Mentee Antworten auf Fragen erhält, die ihn derzeit bewegen. Besonders wertvoll ist Mentoring dann, wenn der Mentor nicht nur als Antwortlieferant agiert und den Mentoring-Prozess stark treibt, sondern wenn er dem Mentee dabei hilft, die eigene Problemlösungskompetenz zu erhöhen.

1

Dies gelingt dann besonders gut, wenn der Mentor sich in eine coachende Haltung begibt und durch wirkungsvolle Fragen die Reflexion des Mentees anregt. Dadurch entwickelt der Mentee Lösungen, die in seiner Erlebens- und Denkwelt passend sind. Ein Mentoring in dieser Art ist dann immer auch ein Stück Persönlichkeitsentwicklung, da der Mentee teilweise zum ersten Mal ganz anders über bevorstehende Entscheidungen nachdenkt und auch besser versteht, warum gerade für ihn aufgrund seiner Biografie und Persönlichkeit diese Frage besonders entscheidend oder schwierig ist.

1.4.4 Aufbau neuer Netzwerke im Unternehmen

Sowohl das Unternehmen als auch der Mentee profitieren von neuen Netzwerken über Hierarchiegrenzen hinweg. Je besser ein Mentee im Unternehmen verdrahtet ist, umso leichter ist es, schnell einen richtigen Ansprechpartner zur Lösung eines Problems oder zur weiteren Planung der eigenen Karriere zu finden. Erfahrungsgemäß entstehen *persönliche* Karrieren in Unternehmen selten ausschließlich dadurch, dass man brav seine Leistung abliefert, man sich nur mit seinem Chef über persönliche Entwicklungschancen unterhält, mit Human Resources Kontakt hält und regelmäßig den internen Stellenmarkt verfolgt.

Hierzu hat Harvey Coleman das sogenannte **P I E Modell** entwickelt. Die Buchstaben stehen dabei für
Performance
Image und
Exposure.

Unter Performance versteht er die erbrachte Arbeitsleistung, Image ist für ihn die Art und Weise, wie man sich gibt, kleidet und wie andere über die eigene Person sprechen. Exposure beschreibt das Maß an Visibilität, welches man in der Organisation und im Management hat und das mitunter kennzeichnet, ob die erreichte Leistung auch der eigenen Person zugerechnet wird. Zusätzlich zu dieser Visibilität ist mit Exposure auch gemeint, ob ich Teil von relevanten formellen oder informellen Netzwerken in einer Organisation bin und dort etwas Sinnvolles beitrage. Daraus lässt sich dann durchaus ableiten, ob man dieser Person künftig auch einmal die formale Leitung eines solchen Netzwerkes zutraut (Kobara 2011).

Gemäß Colemans Forschungen haben gerade Berufseinsteiger oft eine falsche Vorstellung, wie wichtig die einzelnen Faktoren für das berufliche Weiterkommen sind. In der Regel wird der Einfluss von Performance für die eigene Karriere maßgeblich überschätzt. Das mag zunächst irritieren, macht aber durchaus Sinn. Wenn niemand mitbekommt, dass ich eine Top Leistung abliefere, wenn – warum auch immer – mein Image nicht entsprechend ist und wenn ich keine Visibilität in der Organisation habe, dann kann ich im stillen Kämmerchen Grandioses vollbringen, aber die (Unternehmens-)Welt erfährt es nicht.

Überraschend wird es nun, wie Coleman auf Basis seiner Arbeiten die Wichtigkeit der einzelnen Dimensionen in Hinblick auf die eigene Karriereentwicklung gewichtet.
- Performance 10 %
- Image 30 %
- Exposure 60 %

Daraus sollte man nun nicht ableiten, dass die Qualität der eigenen Arbeit keine Rolle spielen würde, ganz im Gegenteil, sie ist die Voraussetzung. Vielmehr empfiehlt es sich, kritisch zu reflektieren wohin denn die eigene Energie fließt. Muss ich wirklich noch besser werden, in dem was ich tue? Reicht es nicht schon, was ich kann und sollte ich mich vielleicht auf den anderen Dimensionen stärker betätigen?

Die Teilnahme an einem Mentoring-Programm zahlt auf alle Fälle massiv auf die Dimensionen Image und Performance ein. Teilweise kann es sogar überhaupt erst dazu dienen, im Dialog mit dem Mentor dieses Modell einmal für sich kritisch zu reflektieren.

Mentee - Die ersten Monate im neuen Berufsfeld waren nicht leicht für mich. Ich musste mich in viele neue Themen einarbeiten, mit denen ich vorher nichts zu tun hatte. Mein Mentor hat mich vor allem darin unterstützt, schnell Kontakte und ein Netzwerk im neuen Umfeld aufzubauen.

Mentor - Ein gutes Netzwerk ist das A und O in unserer Branche. Und ich weiß, wie schwierig es gerade am Anfang ist, so ein Netzwerk aufzubauen. Zu meinen Aufgaben als Mentor zählt für mich vor allem, meinen Mentee hier die ersten Schritte zu erleichtern und ihm den Kontakt zu einigen Schlüsselpersonen herzustellen. Aber: Das erfordert Vertrauen und das geht nicht am Anfang einer Mentoring-Beziehung. Ich will ja auch wissen, wen ich da guten Gewissens weiterempfehlen kann oder nicht.

1.5 Zahlreiche Vorteile auch für den Mentor

Dass Mentoring keine Einbahnstraße beim Wissens- und Erfahrungsaustausch ist, bestätigen Mentees und Mentoren immer wieder. Während Mentees vom Wissensvorsprung der Mentoren profitieren, erhalten Letztgenannte nicht minder wertvolle Einblicke in die Welt der beruflichen Folgegeneration.

1.5.1 Einblick in die Denk-, Arbeits-, Studien- und Lebenswelt einer anderen Generation

Dieser Vorteil ist sowohl für Mentoren als auch für Mentees zu sehen. Selbstverständlich trifft dieser nur auf Mentoring-Programme zu, bei denen es einen signifikanten Altersunterschied zwischen Mentoren und Mentees gibt. Uns sind viele Fälle bekannt, bei denen Mentoren sagten, dass sie nicht nur im direkten Austausch mit ihrem Mentee profitiert haben, sondern daraus auch viel für das Verständnis und den Umgang mit den eigenen Kindern lernen konnten.

So mag man manchmal aus der elterlichen Rolle einige Dinge sehr kritisch beleuchten, aus der Rolle des Mentors konnten sich viele Mentoren dann jedoch aktuellen Themen anders öffnen und den eigenen Standpunkt kritisch reflektieren. Dies galt nicht nur für den Mentor in seiner privaten Rolle, sondern auch für das Verständnis von Kollegen und Mitarbeitern im eigenen Team. Damit bleiben Sie „up-to-date" und beugen so der Gefahr vor, wie es ein Mentor mal formulierte, „zum alten Eisen zu gehören".

Mentor - Ich habe über meinen Mentee ganz viel gelernt. Vor allem, weil er derzeit eine Weiterbildung in einem auch für mich relevanten Bereich macht, konnte ich auf sein Wissen zurückgreifen.

Mentor - In manchen IT-Fragen dreht sich bei unserem Austausch das Verhältnis um, dann ist mein Mentee der Senior und ich der Junior, der zuhört.

1

1.5.2 Das Gefühl etwas zurückgeben zu können

Mentoren sind je nach Programm entweder im Rahmen ihrer beruflichen Tätigkeit oder ehrenamtlich als Mentor tätig. In beiden Fällen haben wir von vielen Mentoren gehört, dass sie aus einem Gefühl der Dankbarkeit und Demut gerne etwas zurückgeben würden und Sinnstiftendes tun wollen. Das Teilen der persönlichen Erfahrungen und Netzwerke sehen sie als solches an und ziehen aus der Tätigkeit eine hohe Befriedigung.

Tatsächlich spielen bei vielen Mentoren altruistisch geprägte Überlegungen eine große Rolle, wenn sie sich für die Teilnahme an einem Mentoring-Programm entscheiden.

Mentor - An vielen Stellen meiner eigenen frühen Karriere hätte ich auch gut einen Mentor gebrauchen können.

Mentor - Ich bin insgesamt sehr zufrieden mit dem Verlauf meiner Karriere. Ich habe dabei auch viel von anderen Menschen profitiert. Ich denke, dass ich mit dem Mentoring da wieder etwas zurückgeben kann.

Mentor - Es macht mir schlicht Spaß, Mentor zu sein. Zunächst hatte ich Zweifel, ob das Ganze noch in meinen Kalender passt. Jetzt betreue ich zwei Mentees und bin sehr zufrieden mit dem Austausch.

Mentee - Ich habe meinen Mentor gefragt, was er denn davon hätte, sich im Mentoring zu engagieren. Er meinte, dass ihm die Idee des Mentoring an sich gut gefiele und dass er sehr den Austausch mit Nachwuchsführungskräften schätze, um im Gespräch mit der nächsten Generation zu bleiben.

1.5.3 Steigerung der eigenen Coaching- und Führungskompetenz

Wie genau der jeweilige Mentor seine Rolle versteht und diese ausfüllt, lässt sich nur schwer einschätzen, besonders dann, wenn das Mentoring-Programm ohne begleitende Qualifizierung und Rollenklärung der Mentoren erfolgt. Einen solchen Schritt empfehlen wir daher grundsätzlich, denn dann kann Mentoring auch erheblich zur Steigerung der eigenen Coaching- und Führungskompetenz des Mentors beitragen. Auch wenn Mentoring kein Coaching ist, so empfiehlt es sich doch, den Mentoren leicht anwendbare Coaching-Modelle oder Fragetechniken aus dem Coaching mit an die Hand zu geben. Wir haben bei Mentoren eine sehr hohe Akzeptanz erlebt, dieses Wissen einzusetzen, denn im Mentoring haben sie aus ihrer Sicht nicht „zu performen", es ist für sie ein „risikofreier Raum".

Gerade Mentoren, die sich in ihrer Führungsrolle eher durch schnelles Machen, Managen, Anweisen und Planen definieren, profitierten extrem davon, einmal einen anderen Modus auszuprobieren. Sie nutzten das Mentoring, um mit dem eigenen Kommunikations- und Führungsstil zu experimentieren. Da weder das Ergebnis des jeweiligen Gesprächs für sie selbst sofort große Implikationen hatte, noch die besprochenen Themen zu komplex waren, konnten die Mentoren sich auch während dieser Gespräche selbst beobachten und wahrnehmen, welche Wirkung die jeweilige Fragetechnik entfaltete. Mit dieser daraus gewonnenen Sicherheit und positiven Erfahrung transferierten sie dann einige der Gesprächstechniken auch in ihren Führungsalltag und erweiterten so ihr Führungsrepertoire.

Mentor - Das Mentoring hat meinen Führungsstil nachhaltig geprägt. Vor allem die Erfahrung, mit meinem Mentee weitgehend auf Augenhöhe zu arbeiten, davon habe ich auch viel in die Arbeit mit meinem Team übernommen.

Mentor - Ich bin seit vielen Jahren in der Unternehmensberatung tätig, arbeite mit den unterschiedlichsten Menschen. Dennoch hatte die Arbeit mit meinem Mentee viel Neues für mich.

Dies ist zweifelsohne ein ganz erheblicher Mehrwert, der sich aber nur dann realisieren lässt, wenn die Mentoren auf ihre Rolle durch eine entsprechende Qualifizierung vorbereitet werden und sie dabei die Gelegenheit haben, unter Begleitung eines Trainers und der Kollegen die gemachten Erfahrungen zu reflektieren.

1.5.4 Anerkennung von Kollegen und Führungskräften

Das Engagement als Mentor kann zudem die eigene Sichtbarkeit im Unternehmen bei Kollegen und Führungskräften im positiven Sinne steigern.

Mentor - Meine Führungskraft war sehr angetan davon, dass ich mich im Mentoring-Programm engagiere. Sie hat mir auch angeboten, dass ich einen Teil der Zeit als Arbeitszeit anrechnen kann. Zudem wollte sie auch meinen Mentee kennenlernen.

Mentor - Als ich meinen Kollegen von meinen positiven Erfahrungen berichtete, haben sich sofort zwei weitere von ihnen für das Programm als Mentoren gemeldet.

1.5.5 Stärkung der eigenen beruflichen Identität

Mentoring ist auch eine gute Möglichkeit für den Mentor, die eigene Karriere zu reflektieren. Dies ist unter anderem dann besonders wertvoll, wenn im eigenen Lebenslauf eine wichtige Entscheidung ansteht.

Mentor - Für mich war es sehr hilfreich, wichtige Stationen meiner eigenen Karriere im Dialog mit dem Mentee noch einmal Revue passieren zu lassen. Warum habe ich mich eigentlich damals für oder gegen das eine oder andere entschieden und bin ich noch auf dem Kurs, den ich einschlagen wollte.

Mentor - Bei einer wichtigen Entscheidung habe ich einfach mal meinen Mentee gefragt, was er von meinen Überlegungen hält.

1.5.6 Eigene Karrierefortschritte

Zu guter Letzt macht sich das Mentoring wie jedes andere Ehrenamt auch sehr gut im Lebenslauf und kann den eigenen nächsten Karriereschritt einleiten.

Mentor - In einem Bewerbungsgespräch kam mein Engagement im Mentoring-Programm zur Sprache und stieß auf reges Interesse meiner Gesprächspartner.

Mentor - In unserem Unternehmen ist das Mentoring ein wesentlicher Bestandteil, der sich positiv auf die eigene Entwicklungsrunde auswirkt.

Es spricht auch nichts gegen eine Aufnahme des Mentoring Engagements in ein Arbeitszeugnis oder die Ausstellung einer entsprechenden Urkunde für den Mentor.

1

1.5.7 Kontakt zu Talenten und potenziellen zukünftigen Mitarbeitern

Sowohl bei unternehmensinternen als auch bei übergreifenden Programmen ist Mentoring durchaus eine Motivation und Chance für Mentoren, mit potenziellen zukünftigen Mitarbeitern in Kontakt zu kommen. Mentees, die an einem Mentoring-Programm teilnehmen, stellen meist eine positive Selbstselektion dar. Diejenigen, die unternehmensintern oder auch durch anderen Organisationen eine solche Unterstützung bräuchten, wissen teils gar nichts von diesen Angeboten, da sie sich oft nicht danach erkundigen oder gar kein Interesse an der Teilnahme haben. Das ist einerseits schade, andererseits hat man es als Mentor somit oft mit sehr motivierten und engagierten Menschen zu tun.

Uns sind viele Fälle bekannt, in denen entweder ein Berufseinstieg, ein Abteilungswechsel oder zumindest ein Praktikum bei dem Mentor aus einem Mentoring hervorging.

Mentor - Ich glaube, nachdem wir circa ein Jahr zusammen im Tandem gearbeitet haben, war bei uns im Unternehmen eine passende Stelle ausgeschrieben. Natürlich habe ich meinem Mentee gesagt, er solle sich auf diese Stelle bewerben und mich als Mentor und damit persönliche Referenz angeben. Die Personalabteilung hat mich dann auch kontaktiert und nachgefragt. Bewerbungen mit einer solchen persönlichen Referenz genießen durchaus besondere Aufmerksamkeit.

Das sind tolle Möglichkeiten. Um jedoch ein negatives Image des Programms oder Gerüchte zu vermeiden, empfehlen wir diesbezüglich gewisse Spielregeln innerhalb der Mentoring-Programme zu etablieren und auch im Unternehmen für maximale Transparenz zu sorgen.

Sie sehen, Mentoring bietet eine Reihe von Vorteilen für alle Beteiligten. Um diese Vorteile auch nutzen zu können, ist es wichtig, ein gemeinsames Verständnis bezüglich der Mentoring-Formen, des Vorgehens und der Rollen im Mentoring zu erzielen.

Lassen Sie uns nun einen kurzen Blick auf die verschiedenen Formen des Mentoring werfen, wovon wir zwei anhand praktischer Beispiele in ▶ Kap. 4 noch detaillierter ausführen werden.

Literatur

Allen, T. D., & Eby, L. T. T. (Hrsg.). (2010). *The Blackwell Handbook of Mentoring. A Multiple Perspectives Approach*. Oxford: Wiley-Blackwell.

Allmendinger, J. (Hrsg.). (2005). *Karriere ohne Vorlage: Junge Akademiker zwischen Hochschule und Beruf*. Hamburg: Edition Körber.

Beck, U., & Beck-Gernsheim, E. (Hrsg.). (1994). *Riskante Freiheiten: Individualisierung in modernen Gesellschaften*. Frankfurt a. M.: Suhrkamp.

Eby, L. T. T., Allen, T. D., Evans, S. C., Ng, T., & DuBois, D. L. (2008). Does mentoring matter? A multidisciplinary meta-analysis comparing mentored and non-mentored individuals. *Journal of Vocational Behavior, 72*(2), 254–267.

Edelkraut, F., & Graf, N. (2011). *Der Mentor – Rolle, Erwartungen, Realität: Standortbestimmung des Mentoring aus Sicht der Mentoren*. Lengerich: Pabst Science Publishers.

Kobara, J. E. (2011). Strengthen what I value enjoy and love through altruistic mentoring and networking, Post in SWiVELtime. ▶ http://www.swiveltime.com/2011/08/your-slice-of-life-depends-on-the-pie.html. Zugegriffen: 13. Febr. 2018.

Pflaum, S. (2016). *Mentoring beim Übergang vom Studium in den Beruf: Eine empirische Studie zu Erfolgsfaktoren und wahrgenommenem Nutzen*. Wiesbaden: Springer VS.

Ragins, B. R., & Kram K. E. (Hrsg.) (2007). *The Handbook of Mentoring at Work. Theory, Research, and Practice* (S. 123–147). London: Sage.

Theorie & Wissenswertes

2.1   Mentoring in all seinen Formen – 12
2.1.1   Internes Mentoring – 13
2.1.2   Externes Mentoring – 13
2.1.3   Klassisches Mentoring – 14
2.1.4   Cross Mentoring – 14
2.1.5   Peer Mentoring – 14
2.1.6   Gruppen Mentoring – 15
2.1.7   Reverse Mentoring – 15
2.1.8   Blended oder e-Mentoring – 15
2.1.9   Cross-Gender oder Equal-Gender-Mentoring – 16

2.2   Welcher Typ Mentor sind Sie? – 16
2.2.1   Der weise Berater – 17
2.2.2   Die neutrale Instanz – 18
2.2.3   Der Krisenmanager – 18
2.2.4   Der Aktivierer – 19
2.2.5   Der Zuhörer – 20

Literatur – 21

© Springer Fachmedien Wiesbaden GmbH, ein Teil von Springer Nature 2019
S. Pflaum, L. Wüst, *Der Mentoring Kompass für Unternehmen und Mentoren*,
https://doi.org/10.1007/978-3-658-22530-8_2

2

2.1 Mentoring in all seinen Formen

Mentoring findet sich mittlerweile in zahlreichen Formen und Ausprägungen wieder, die nach den verschiedensten Kriterien voneinander abgegrenzt werden. Die größte Unterscheidung besteht zunächst einmal darin, ob es einen formellen Auftrag für das Mentoring gibt oder nicht. Denn oft genug „geschieht" Mentoring auch einfach, im Berufs- wie auch im Alltagsleben.

Ob ein nahestehendes Familienmitglied, das einem in schwierigen Situationen mit Rat und Tat zur Seite steht, ein lieber Kollege, der immer für alle Fragen offen ist und im Berufsalltag unterstützt oder die Führungskraft, die gezielt fördert, mit dem Mitarbeiter zusammen seine Stärken und Schwächen reflektiert und zur Weiterentwicklung ermutigt, anleitet und begleitet. All dies sind Formen des **informellen Mentoring,** das teils sogar ganz unbewusst geschieht, deshalb jedoch nicht weniger wirksam ist. Informell bleibt es deshalb, da weder eine offizielle Benennung des Prozesses, noch Vereinbarungen zwischen den Beteiligten bestehen, es oft zufällig geschieht und auch zeitlich nicht begrenzt ist.

Im Gegensatz dazu erfolgt das **formelle Mentoring,** über das wir im Unternehmenskontext meist sprechen, auf einen klaren Auftrag hin, ist reproduzierbar, für alle gleichermaßen zugänglich und meist in institutionalisierte Programme des Unternehmens eingebettet. Diese können sich über einen längeren Zeitraum bis hin zu mehreren Jahren erstrecken, werden formell aufgesetzt und meist durch den HR/Personalbereich betreut und standardisiert. Im Zuge dessen werden häufig auch Qualifizierungen, vor allem für die Mentoren, angeboten, begleitende Veranstaltungen wie Kick-Offs oder Get-Together-Tage initiiert und Austauschgruppen oder Foren und Communities eingerichtet. Zudem sollten die Programme im besten Fall kontinuierlich evaluiert und mit ansprechender interner Kommunikation sowie Erfolgs-Stories flankiert werden.

Innerhalb dieses formellen Mentoring unterscheidet man im Wesentlichen folgende Formen:

- Internes Mentoring
- Externes Mentoring
- Klassisches Mentoring
- Cross Mentoring
- Peer Mentoring
- Gruppen Mentoring
- Reverse Mentoring
- Blended oder e-Mentoring

Als weitere Untergruppen gibt es auch noch das sogenannte Peer-to-Peer Mentoring sowie das Cross-Gender oder Equal-Gender Mentoring.

Im Folgenden gehen wir kurz auf alle genannten Mentoring Formen ein, stellen signifikante Merkmale sowie Vor- und Nachteile dar und zeigen Auswahlkriterien für unterschiedliche Zielgruppen auf. Dies soll in erster Linie dazu dienen, ein ganz grundlegendes Verständnis für die verschiedenen Arten des Mentoring zu erhalten und gegebenenfalls eine kleine Entscheidungshilfe für einen eigenen Mentoring-Prozess oder die Passung in bestimmte Unternehmens-Programme bieten. Für tiefer gehende Informationen zu den verschiedenen Ausprägungen empfehlen wir konkret hierauf spezialisierte Fachliteratur, wie Sie sie in Teilen auch in unseren Literaturhinweisen finden können.

2.1.1 Internes Mentoring

Im internen Mentoring kommen Mentor und Mentee aus dem gleichen Unternehmen. Hierbei ist es besonders wichtig, dass sie in keiner unmittelbaren hierarchischen Beziehung und damit in keinem Abhängigkeitsverhältnis zueinanderstehen. Im besten Fall liegen also mehrere Hierarchiestufen zwischen den Partnern. Falls der Fokus nicht auf einer fachlichen Weiterentwicklung liegt, empfiehlt es sich zudem, dass sie auch aus unterschiedlichen Bereichen des Unternehmens kommen. Für die klassischen Mentoring-Themen wie Persönlichkeitsentwicklung, Lösungen für Problemstellungen aus dem beruflichen Alltag und Zusammenarbeit behindert dies den Mentoring-Prozess nicht im Geringsten und kann sogar von Nutzen sein.

Der **Vorteil** des internen Mentoring ist die beiderseitige Kenntnis von unternehmensspezifischen Abläufen, Strukturen und Regeln sowie der Geschichte und Kultur des Betriebs. So fällt es dem Mentor in der Regel relativ leicht, persönliche Erlebnisse des Mentees nachzuvollziehen und ihn diesbezüglich zu unterstützen. Besonders wichtig sind bei internen Mentoring-Prozessen die Vertraulichkeit und der geschützte Rahmen in dem die Beteiligten agieren, sowie die Freiwilligkeit beider Seiten zu der Teilnahme am Prozess.

Zur eigenen Netzwerkerweiterung und auch Weiterentwicklung im Unternehmen bieten sich solche Programme ganz besonders an. „Auch für das Unternehmen hat internes Mentoring in der Regel einen großen Nutzen, da Mentor und Mentee einem kontinuierlichen Lernprozess unterliegen und das Training „on the job" erfolgt, das Besprochene also sofort am Arbeitsplatz umgesetzt wird" (BAB 2009).

2.1.2 Externes Mentoring

Im Gegensatz hierzu kennzeichnet das externe Mentoring, dass Mentor und Mentee nicht aus demselben Unternehmen stammen und auch die Gestaltung und der Rahmen oftmals von einer externen Organisation wie zum Beispiel Berufsverband, Beratungsunternehmen oder Universität durchgeführt wird.

Der **Vorteil** des eigenen Netzwerk-Aufbaus ist hier ebenso gegeben, diesmal sogar weit uneingeschränkter, offener und teils sogar branchenübergreifend. Der Mentee bekommt viele neue Impulse aus einer völlig anderen Unternehmenskultur und erhält Einblicke in neue Strukturen, Prozesse und Arbeitsabläufe.

Häufig fällt es den Beteiligten bei externen Mentoring-Matches noch leichter, ein Vertrauensverhältnis aufzubauen, da dies komplett außerhalb jeglicher Abhängigkeiten in der eigenen Unternehmensstruktur geschieht, zudem lassen sich teilweise noch besser passende Matches finden, da die Auswahlmöglichkeit schlicht größer ist. So können auch kleinere und mittelständische Unternehmen Mentoring für ihre Mitarbeiter anbieten, auch wenn die eigenen Strukturen und personellen Verfügbarkeiten dies rein intern nicht ermöglichen würden.

Ein kleines Risiko liegt in jedoch in der größeren Unterschiedlichkeit, zum Beispiel wenn die Unternehmenskulturen und Kommunikationsstrukturen sich tatsächlich so sehr unterscheiden, dass im Prozess Missverständnisse oder gar Konflikte entstehen können. Dies kann jedoch durch einen professionellen Matching-Prozess und die große Auswahl an möglichen Matches sicher oft schon im Vorfeld leicht vermieden werden.

2

2.1.3 Klassisches Mentoring

Wenn wir von klassischem Mentoring sprechen, sind in der Regel keine Rahmen-
parameter, sondern die Art und Weise des Miteinander im Prozess gemeint. In dieser
Grundform des Mentoring unterstützt ein meist älterer und erfahrener Mensch den
weniger erfahrenen Mentee in seiner persönlichen und beruflichen Weiterentwicklung.
„Der Mentor hilft dem Mentee seinen eigenen Weg zu finden, indem er Wissen,
Erfahrungen und auch sein Netzwerk in die Mentoring-Beziehung einbringt" (Graf und
Edelkraut 2017).

2.1.4 Cross Mentoring

Das Cross-Mentoring ist eine spezielle Form des externen Mentoring, das sich in den
letzten Jahren besonders bei kleineren Unternehmen wachsender Beliebtheit erfreut.
Mehrere Unternehmen schließen sich zusammen, um gemeinsam für die Mitarbeiter
eine Mentoring-Möglichkeit darzustellen, bei der jeder Betrieb eine gleiche Anzahl
von Mentoren und Mentees stellt und die Paare dann aus Vertretern unterschiedlicher
Unternehmen zusammengestellt werden. Hier sind häufig verschiedene Branchen vertreten, meist finden die Zusammenschlüsse regional statt.

Es kommen dieselben **Vorteile** wie beim normalen externen Mentoring zum Tragen,
darüber hinaus bietet es jedoch Unternehmen auch die Möglichkeit, Mentoring erst einmal im Test auszuprobieren, bevor dann eigene interne Programme aufgesetzt werden.

2.1.5 Peer Mentoring

Das Peer Mentoring, oder wörtlich Mentoring unter Gleichgestellten beziehungsweise
Gleichrangigen durchbricht die klassische Rollenverteilung der Lernpyramide. Hier
unterstützen sich Personen auf gleicher Ebene gegenseitig, meist auch in Eigenverantwortung und Selbstorganisation.

Diese Form ist häufig in Schulen und Universitäten zu finden, wo ältere Semester
den Jüngeren mit Tipps oder Rat und Tat zur Seite stehen. Auch in Fort- und Weiter-
bildungen findet man sich häufig in Peer-Gruppen selbstständig zu regelmäßigen Treffen zusammen, um sich dort zu gelernten Themen auszutauschen und gegenseitig neue
Impulse zu geben. Natürlich findet auch in Unternehmen Peer Mentoring statt, in der
Regel bleibt es hier jedoch meist im informellen Rahmen, zum Beispiel unter Kollegen,
oder findet seine Ausprägung in Arbeits- und Projektgruppen.

Der **Vorteil** im Peer Mentoring liegt vor allem im schnell aufgebauten und intensiven Vertrauensverhältnis der Gruppenmitglieder zueinander und der ungezwungenen
und konstruktiven Art des Austausches auf Augenhöhe. Speziell wenn es nicht nur
um karrierebezogene und berufliche Themen gehen soll, bietet sich das Mentoring in
Peer-Gruppen an.

Das **Peer-to-Peer Mentoring** stellt eine Unterform dar, in der zwei Gruppen sich
gegenseitig unterstützen und wird in unserem Gastbeitrag in ▸ Abschn. 4.3 mit zahlreichen praktischen Beispielen noch näher erläutert.

2.1.6 Gruppen Mentoring

Gruppen Mentoring findet statt, wenn ein Mentor mehrere Mentees parallel und hauptsächlich gemeinsam betreut. Diese Form des Mentoring wird vor allem dann eingesetzt, wenn zu wenige Mentoren verfügbar sind oder die gegenseitige Unterstützung der Mentees untereinander, im Sinne einer kollegialen Beratung, mit dem klassischen Mentoring-Ansatz kombiniert werden soll (Graf und Edelkraut 2017).

Für Unternehmen hat dies den **Vorteil,** mit weniger Personaleinsatz mehr Mentees betreuen zu können. Für die Mentees bietet sich hier die Möglichkeit, nicht nur mit dem Mentor in einen fruchtbaren Austausch zu gehen, sondern gleichzeitig in den anderen Teilnehmern ihrer Gruppe sowohl Gleichgesinnte mit ähnlichen Themenstellungen vorzufinden als auch durch diese zusätzliche Impulse in ihrem Lernprozess zu erhalten.

2.1.7 Reverse Mentoring

Beim Reverse Mentoring wird die Lernpyramide „Alt und Erfahren lehrt Jung und Unerfahren" umgedreht. Der Mentee entstammt meist einer hohen Führungsebene, während der Mentor aus der nachwachsenden Generation kommt und entweder eine ganz junge Führungskraft am Anfang der beruflichen Karriere oder noch eine Hierarchieebene darunter angesiedelt ist.

Der Mentor verfügt dafür über eine andere Expertise und Erfahrung, meist auf dem Gebiet der Digitalisierung, wie zum Beispiel mit Social-Media-Instrumenten, Apps oder anderen neuen Technologien. In diesem Prozess sollen die sogenannten „Millennials", der Nachwuchs aus der Generation Y, erfahrene Führungskräfte dabei unterstützen, noch besser in der digitalen Welt anzukommen und deren Anforderungen gut meistern zu können.

Der **Vorteil** des Reverse Mentoring liegt neben dem reinen Informationsaustausch und der Steigerung des digitalen IQ im Unternehmen auch im generationen- und hierarchieübergreifenden Austausch sowie der Gewinnung neuer Einsichten und Perspektiven für hochrangige Führungskräfte.

Mehr hierzu und zahlreiche praktische Beispiele aus dem Reverse Mentoring Pilotprogramm eines großen Unternehmens erfahren Sie in ► Abschn. 4.1.

2.1.8 Blended oder e-Mentoring

Im Blended Mentoring finden in einer traditionellen Mentor/Mentee-Situation neue digitale Technologien und Online-Elemente Verwendung. Die Paare können sich nicht nur live, sondern auch virtuell auf Video-Plattformen treffen und beziehen Online-Lernhilfen und Materialien in ihren Prozess mit ein. Auch eine virtuelle Vernetzung mehrerer Paare ist im Blended Mentoring möglich.

In einem Mix aus Online- und Offline-Betreuung wird den Beteiligten das Beste aus beiden Welten geboten und neue digitale Instrumente wie Social Media oder innovative Software werden miteinbezogen.

Der große **Vorteil** des Blended oder e-Mentoring liegt in der Zeitersparnis und Flexibilität bezüglich der Treffen von Mentor und Mentee. Ohne räumlich am gleichen

2

Ort sein zu müssen, können hier gemeinsame Termine auch einmal spontan und kurzfristig mithilfe von Video-Konferenzen stattfinden. Die Einbindung digitaler Medien wiederum unterstützt die beiderseitige Weiterentwicklung im digitalen Zeitalter.

2.1.9 Cross-Gender oder Equal-Gender-Mentoring

Diese Unterformen des klassischen Mentoring finden sowohl informell als auch formell, ebenso wie intern oder extern statt. Hier wird einzig darauf geachtet, beim Matching von Mentor und Mentee entweder nur gleichgeschlechtliche Paare zusammenzuführen, oder bewusst Männer und Frauen zu mischen.

Beides hat seine **Vor- und Nachteile.** Bei Cross-Gender Mischungen können oft althergebrachte und tief verwurzelte Rollenbilder negativ beeinflussen, indem sie eine Begegnung auf Augenhöhe erschweren. Dafür bringen gemischte Paare aber oft viele neue Blickwinkel und Perspektiven mit in den Prozess, die so bei rein gleichgeschlechtlichen Mischungen teils nicht möglich sind.

Insgesamt ist dies von Fall zu Fall und nach den Bedürfnissen und Vorlieben der Beteiligten zu entscheiden. Wichtig ist in jedem Fall jedoch ein gewisses Bewusstsein über die Vor- und Nachteile und welche tief sitzenden Ansichten und Prägungen auch durch das eigene Geschlecht und das des Partners mit in den Mentoring-Prozess einfließen können.

2.2 Welcher Typ Mentor sind Sie?

Wir alle haben unsere Präferenzen und Gewohnheiten, wie wir uns Themen und übernommenen Aufgaben nähern. Wenn wir diese nicht weiter reflektieren, dann werden wir uns gemäß dieser Vorlieben oder Muster verhalten und es ist sehr wahrscheinlich, dass gewisse Verhaltensweisen überwiegen. Dies trifft auch im Mentoring zu. Starten Mentoring-Programme beispielsweise ohne eine Qualifizierung für Mentoren, ist es sehr wahrscheinlich, dass diese ihre gewohnten Routinen und Stärken in der Kommunikation auch im Mentoring vermehrt einsetzen. Ohne eine Vorab-Qualifizierung und Rollenklärung bleibt teilweise auch offen, was genau unter Mentoring verstanden wird.

Zum besseren Verständnis legen wir einmal die zwei Begriffe Beratung und Coaching auf die zwei Enden einer Skala. Beratung wird hier als eine inhaltliche und fachliche Expertise verstanden, bei der ich als Ratsuchender eine klare Aussage oder Empfehlung erhalte. Coaching hingegen wird als Unterstützung zur Selbstreflexion und zur eigenen Lösungsfindung gesehen. Aus dieser Position leiste ich den größten Mehrwert, indem ich öffnende und neue Einsichten generierende Fragen stelle. Der Mentee erhält so neue Perspektiven, einen anderen Zugang zu eigenen Kompetenzen und Erfahrungen und schmiedet daraus seinen Plan für das weitere Vorgehen. Mentoring sollte nun irgendwo in der Mitte angesiedelt sein. Zum einen ist ein Stück Beratung im Sinne von teilhaben lassen an den eigenen Erfahrungen und das Wissen ob des eigenen Fachgebiets und Berufsfeldes dezidiert im Mentoring gewünscht. Zum anderen sollte der Mentee den Mentor nicht nur um Rat fragen, sondern eigenverantwortlich und aktiv an der Lösungsfindung mitarbeiten.

Ein guter Mentor hat daher ein feines Gespür, wann welche Form der Gesprächsführung und Rolle im Mentoring hilfreich ist und kann idealerweise zwischen den Rollen des Beraters und des Coaches situativ wechseln. Oftmals sehen Mentoren übrigens in der Erweiterung ihrer eigenen kommunikativen Kompetenz einen ganz erheblichen Mehrwert des Mentorings. Sie merken, dass diese Variation des eigenen Verhaltens auch in den normalen Rollen ihres Berufs (Führungskraft, Kollege, Mitarbeiter) sehr hilfreich sein kann. Im Folgenden haben wir daher ein paar sehr hilfreiche Rollen sowie deren Vorteile und auch Risiken dargestellt.

2.2.1 Der weise Berater

In den meisten Fällen gibt es zwischen Mentor und Mentee einen signifikanten Altersunterschied. Mit diesem geht meist auch ein Mehr an Berufs- und Lebenserfahrung und damit eine reifere Persönlichkeit einher. Der Mentee will und soll von diesem Mehr an Erfahrung profitieren. Oft ist allerdings damit die Erwartungshaltung verbunden, dass der Mentor auf alle Fragen des Mentees die eine und richtige Antwort kennt. Aufgabe des weisen Beraters ist es, mit diesem Zuviel an Erwartung gut umzugehen. Die beste Strategie ist es dabei, dem Mentee keine sofortige Antwort und keinen Rat zu geben, sondern ihn mit geschickt gestellten Fragen zu einer eigenen Antwort zu führen.

Mentor - Ich denke, die große Kunst des Mentorings ist das aktive Zuhören. Das sagt sich so leicht dahin. Ich weiß von mir selbst, dass ich ein sehr extrovertierter Mensch bin und auch gerne von mir erzähle. Ich mache mir das bewusst und nehme mir bei jedem Treffen vor, weniger zu erzählen und mehr Fragen zu stellen.

Eine weitere Möglichkeit für den weisen Berater ist es, Analogien aus dem eigenen Leben, aus den eigenen Erfahrungen anzuführen, sofern der Mentor selbst schon einmal mit einem ähnlichen Problem oder einer ähnlichen Fragestellung konfrontiert war. Wie ist er damals an die Lösung herangegangen? Was lief dabei gut? Was hat vielleicht nicht so gut funktioniert? Am Ende sollte wieder die offene Frage an den Mentee stehen, was auf seinen Fall übertragbar ist und was nicht. Der Ball, eine Lösung zu finden, sollte am Ende immer im Feld des Mentees bleiben.

Mentor - Mit zwanzig Jahren Berufserfahrung stehe ich denke ich ganz gut in der Mitte meiner Karriere, sehe an guter Position mit eigener Führungserfahrung nach oben und nach unten in der Hierarchie unseres Unternehmens. Viele der Fragen und auch Probleme meines Mentees erinnern mich an eigene Erfahrungen, die ich gemacht habe. Mit meinem Mentee spreche ich ganz offen über gute und vielleicht auch schlechte Entscheidungen, die ich getroffen habe. Damit verbinde ich die Frage an ihn, was er für sich und seine Situation daraus ableiten kann.

Mentees legen bei der Auswahl ihres Mentors unterschiedliche Maßstäbe an. Es gibt Mentees, die wählen Personen aus, die deutlich erfahrener und älter als sie selbst sind. Die Erwartungshaltung dahinter ist, dass der Mentor bereits Vieles und Verschiedenes in seinem (Berufs-)Leben gesehen, erlebt und auch überstanden hat.

Mentee - Bei der Wahl meines Mentors habe ich überlegt, ob ich jemanden suche, der noch jünger, also nah an mir und meinen Problemen ist oder jemanden, der schon älter ist und viel Erfahrung in verschiedenen Branchen, Berufen oder Positionen gesammelt hat. Am Ende habe ich mich für einen erfahrenen Mentor entschieden, der mir mit seinem Rat etwas mehr Ruhe bei der Planung meiner Karriere vermitteln kann. Da ich mich selbst als sehr ehrgeizig einschätze und bei meinen Entscheidungen manchmal Dinge übersehe, die ich in meinem Alter vielleicht noch nicht wissen kann.

2

2.2.2 **Die neutrale Instanz**

Dies ist eine ganz besondere Mentoren-Rolle von hohem Wert. Wenn Menschen sich mit Entscheidungsfragen beschäftigen, dann können sie diese in der Regel nur mit Menschen besprechen, die Teil ihres sozialen Systems (Familie, Unternehmen, Freundschaft, Beziehung) sind. Selbstverständlich erhält man dann jeweils aus deren Perspektive sinnvolle Antworten. Allerdings haben all diese Antworten eines gemeinsam: sie sind mit einem Maß an Eigeninteresse verbunden, auch wenn das manchmal als reines altruistisches Motiv erscheint. So hören junge Erwachsene, die sich mit ihren Eltern über einen möglichen Berufseinstieg unterhalten, nicht selten Sätze wie: „Ich will ja nur das Beste für Dich". Ob es sich dabei wirklich immer um das Beste für den jeweiligen Menschen handelt oder ob es aus der elterlichen Perspektive das Beste ist, sei dahingestellt.

Wenn die Mentees den eigenen Partner hingegen befragen, ob es eine gute Idee sei, nun einmal ein Semester im Ausland zu studieren, dann wird die Antwort auch stets von der persönlichen Präferenz und manchem Beziehungsschmerz geprägt sein.

Der Mentor kann hier eine gänzlich andere Rolle einnehmen. Er ist schließlich nicht verantwortlich und hat auch keine direkten positiven oder negativen Konsequenzen daraus, zu welcher Entscheidung ein Mentee kommt.

Die daraus mögliche Unabhängigkeit und Offenheit ist ein großer Schatz. Wir haben viele Beispiele erlebt, bei denen der Mentor, der manchmal entweder in der Generation zwischen der des Mentees und dessen Eltern oder auch näher an der Generation der Eltern des Mentees war, hier eine ganz wichtige Rolle einnehmen konnte und oftmals zu einer Person wurde, der man auch das Herz ausschütten konnte. Gerade bei Mentoring-Programmen für Studierende kennen wir etliche Mentoring-Gespräche, wo die Erwartungen der Eltern, die sich oftmals nicht mit den eigenen Wünschen der Studierenden deckten, zum Thema wurden und ein Umgang damit erarbeitet werden konnte.

Diese Rolle finden Mentoren auch sehr wirkungsvoll und sehen darin eine eigene Kompetenz.

Mentor - Was mich hilfreich im Mentoring macht ist, dass ich gut hinhören und viele Fragen stellen kann, ohne dass ich Dinge bewerte.

Aus dieser Position heraus kann auch die Selbstverantwortung des Mentees erhöht werden.

Mentor - Ich denke, dass diese Fähigkeiten mir im Mentoring sehr helfen: aktives Zuhören, mich hineinversetzen in die individuelle Situation des Mentees und ergebnisoffen vorzugehen. Meine Mentorenleistung ist ein Angebot, das ich in die Mitte lege, die Mentee entscheidet selber, ob sie es annimmt; wenn sie es annimmt, übernimmt sie damit auch die Selbstverantwortung.

2.2.3 **Der Krisenmanager**

In Krisen des Mentees zeigen sich häufig die Grenzen des Mentoring. Der Mentor kann gut in beruflichen, fachlich geprägten und auch in einigen persönlichen Krisen dabei unterstützen, dass der Mentee seine eigene Lösung findet. Die Grenze verläuft zwischen persönlichen und psychologischen Krisen.

Mentor - Ich habe mit meinem Mentee intensiv an seinen Problemen in der Teamarbeit gearbeitet. Dabei hatte ich immer mehr das Gefühl, dass da tiefer gehende, familiäre und auch ein Suchtproblem mitschwingen. Ich entschloss mich dann, das Problem offen anzusprechen und auch offen zu kommunizieren, dass ich hier als Mentor überfordert bin. Gemeinsam und in Rücksprache mit den Organisatoren haben wir nach einer geeigneten Beratungsinstanz gesucht und dem Mentee so geholfen.

Natürlich gibt es auch Krisenformen, bei denen der Mentor sehr gut und wertvoll selbst unterstützen kann. Dies können beruflich und auch privat stark herausfordernde Situationen sein, die sich massiv auf die Performance und/oder das Wohlbefinden des Mentees auswirken. Solange diese eine bedenkliche psychologische Grenze nicht überschreiten, ist vor allem die Haltung des Mentors wichtig, um für den Mentee tatsächlich hilfreich sein zu können.

Mentor - In meiner auch sozialpädagogisch geprägten Ausbildung habe ich mir wirklich einen Satz verinnerlicht, der auch für das Mentoring entscheidend ist: Das Problem bleibt immer beim Problemträger. Nur der Problemträger, also der Mentee, wird eine geeignete Lösung finden. Es spricht aber nichts dagegen, die Lösungswege in den Gesprächen miteinander zu diskutieren.

Die Kunst des Mentorings im Krisenmanagement ist es, die richtigen Fragen zu stellen und dem Mentee gut und aktiv zuzuhören. Weiter ist es auch wichtig, sich selbst und dem Mentee einzugestehen, wenn man mit einer Problemlage überfordert ist. Dann geht es darum, eine geeignete professionelle Hilfe-Instanz zu finden, am besten gemeinsam mit der Organisation, die das Mentoring-Programm betreibt (siehe auch ▶ Abschn. 3.7.3).

2.2.4 Der Aktivierer

Ziel des Mentorings ist es stets, etwas zu verändern, Impulse zu geben und Neues zu initiieren. Der Mentor kann in der Regel davon ausgehen, dass sein Mentee ein Potenzialträger ist, der sich seiner Potenziale noch nicht voll bewusst ist, diese aber gerne entdecken und aktiviert wissen will.

Mentor - Schon beim ersten Treffen war mir klar, dass mein Mentee voller Talente steckt. Was ihm fehlte, waren die ersten richtigen Schritte, diese Talente auf das passende Karrieregleis zu stellen. Insbesondere war mir das klar, bei seinen fast zu viel reflektierenden Überlegungen, ob er mit seinem Profil auf eine bestimmte Stelle passt oder nicht, ob ein bestimmter Karrierepfad passt oder nicht. Mir war es dann wichtig, ihn dazu zu bringen, ins kalte Wasser zu springen, einen Weg einzuschlagen und einen anderen zumindest vorerst aufzugeben. Ganz konkret mündete das darin, dass die Bewerbungen nicht nur durchdacht, sondern endlich auch geschrieben und abgeschickt wurden.

Oft mangelt es jungen Menschen in der Bildungs- und Berufswelt nicht an großen, langfristigen Zielen, sondern an einem Kompass und einer Karte, wie man diese Ziele erreichen kann. Die Angst, mit dem ersten Schritt möglicherweise unumkehrbar einen falschen Weg einzuschlagen, hemmt viele Mentees in ihren Entscheidungen. Der Aktivierer motiviert den Mentee, diesen ersten Schritt zu tun und gibt ihm dabei ein Mindestmaß an Sicherheit mit auf den Weg, dass es keinen Kurs gibt, der im Zweifel nicht auch wieder korrigiert werden kann.

2

Mentor - Mein Mentee hatte ein ganz konkretes berufliches Ziel vor Augen. Was fehlte, war der Blick für den richtigen ersten und zweiten und vielleicht auch den dritten kleinen Schritt zum letzten Endes großen Ziel. Gemeinsam haben wir in unseren Gesprächen diese Schritte erarbeitet und ich denke ich konnte ihm bei diesen ersten Schritten den nötigen Schwung mit auf seinen noch langen Karriereweg geben.

Mentee - Mein festes Ziel ist es, Führungskraft zu werden. Immer wieder sind auch entsprechende Stellen ausgeschrieben. Ich zähle mich durchaus zu den selbstbewussten Menschen und dennoch hatte ich Zweifel. Die Position, die mir von meiner Führungskraft vorgeschlagen wurde, war eine Führungs-position aber in einem anderen fachlichen Bereich, als ich es mir vorstellte. Ohne meinen Mentor hätte ich wohl noch lange oder gar zu lange mit der Entscheidung gehadert. Es hat mir sehr gutgetan, dass ich die Für und Wider mit einer anderen Person diskutieren konnte. Am Ende habe ich mich mit gutem Gefühl für die Führung und gegen das fachliche Argument entschieden.

Wie an den beiden letzten Zitaten zu sehen ist, verstand es der Mentor sehr gut, dem Mentee die Entscheidung nicht abzunehmen, ihn aber zu dieser zu bewegen. Der Mentor unterstützte zwar dabei, die Für und Wider zu sammeln. Diese dann aber zu bewerten, blieb Aufgabe des Mentees.

2.2.5 Der Zuhörer

Müssen Mentoren extrovertierte Personen sein, die gerne und viel erzählen können? Die Antwort lautet eindeutig: Nein! Sowohl introvertierte als auch extrovertierte Personen können gute Mentoren sein. Für beide aber gilt, dass die Schlüsselqualifikation eines guten Mentors die Fähigkeit des guten Zuhörens ist. Weiter gehört die Offenheit für neue Erfahrungen und eine gute Reflexionsfähigkeit der eigenen Person zum Repertoire eines guten Mentors.

Mentor - Ich achte darauf, dass der Mentee den größten Redeanteil in unseren Gesprächen hat. Ich schätze, dass das Verhältnis meist bei zwei Drittel zu einem Drittel ist. Ich arbeite meist mit offenen Fragen und versuche das Gespräch so zu lenken. Manchmal aber sind natürlich auch klare Aussagen zu bestimmten Themen gefragt, so wenn der Mentee konkret etwas wissen will.

Mentor - Gerade bei den ersten Gesprächen hat mir der Mentee ein Loch in den Bauch gefragt. Aber ich erzähle gern von meinen Erfahrungen. Wichtig war mir aber stets mir durch Nachfrage zu versichern, ob all diese Informationen auch hilfreich für ihn sind.

Mentee - Ich bin ein eher ruhiger Mensch. Und es fällt mir nicht immer leicht, auf andere Menschen zuzugehen. Hier war mir der Mentor mit seiner offenen und beherzten Art eine große Hilfe. Zugegeben, vor dem ersten Treffen hatte ich schon Bedenken, wie es ist, sich mit jemandem zu treffen, der beruflich schon dort angekommen ist, wo ich vielleicht erst noch hinwill.

Mentee - Mein Mentor beschrieb sich in seinem Profil als ‚still aber gut im Zuhören'. Zunächst hatte ich Bedenken, weil ich mich selbst als sehr impulsiv und ‚pushy' beschreibe und dachte, ich brauche jemanden, der mich etwas einbremst. Er war aber dann doch die richtige Wahl, weil er richtig zuhörte und die richtigen Fragen stellte, was mich dann tatsächlich im übertragenen Sinne vor einer übereilten Entscheidung bewahrte.

Die Introversion oder Extraversion spielen weder bei der Wahl des Mentors/Mentees noch im Verlauf des Mentorings die allein entscheidende Rolle. Der Erfahrung nach behalten beide Seiten das fachliche und persönliche Profil als Ganzes im Auge. Ob ein Tandem zueinander passt, entscheidet sich nach den ersten persönlichen Treffen. Und hier finden sowohl extrovertierte als auch introvertierte, gemischte und gleichgesinnte Tandems gut zueinander.

Literatur

Gockel, C. (2016). *Das Blended Mentoring Concept, Eine Design-Based Research-Studie zur weblogbasierten schulischen Praktikumsbegleitung in vorberuflichen Bildungsgängen des Berufskollegs*. Detmold: Eusl.

Graf, N., & Edelkraut, F. (2017). *Mentoring: Das Praxishandbuch für Personalverantwortliche und Unternehmer*. Wiesbaden: Springer.

Junk, A. (2007). *30 Minuten für erfolgreiches Mentoring*. Offenbach: Gabal.

Pflaum, S. (2016). *Mentoring beim Übergang vom Studium in den Beruf: Eine empirische Studie zu Erfolgsfaktoren und wahrgenommenem Nutzen*. Wiesbaden: Springer VS.

Selzner, H. D. (2018). Cross-gender Mentoring – Eine Mission Impossible? Gastbeitrag in Initiative women into Leadership, Gemeinnütziger Verein zur nachhaltigen Entwicklung weiblicher Führungskräfte. ▶ http://www.iwil.eu/cross-gender-mentoring-eine-mission-impossible/. Zugegriffen: 13. Febr. 2018.

Unternehmensberatung BAB GmbH. (2009). Handbuch Mentoring Grundlagen des Mentorings Wissenswertes für Mentorinnen und Mentoren. ▶ http://www.vetsuisse.ch/wp-content/uploads/2011/11/09_05_06_Handbuch_Mentoring_MUG.pdf. Zugegriffen: 15. Febr. 2018.

Praxis: Mentoring-Kompass für Unternehmen

3.1   Mit dem Mentoring-Kompass erfolgreich arbeiten – 25

3.2   Rekrutierung der Mentoren und Profilbogen – 25
3.2.1   Anforderungen an einen guten Mentor – 25
3.2.2   Vorschlag für einen Mentoren-Profilbogen – 27

3.3   Rekrutierung der Mentees und Profilbogen – 29
3.3.1   Anforderungen an einen guten Mentee – 29
3.3.2   Vorschlag für einen Mentee-Profilbogen – 30

3.4   Wie lehnt man ungeeignete
           Mentoren-Kandidaten ab? – 31

3.5   Der Matching-Prozess – 32
3.5.1   Die Organisation matcht Mentor und Mentee – 33
3.5.2   Der Mentor wählt den Mentee aus – 33
3.5.3   Der Mentee wählt den Mentor aus – 33

3.6   Guter Rat ist nicht teuer – 35
3.6.1   Das erste Treffen vorbereiten und meistern – 35
3.6.2   Die Erwartungshaltungen konkretisieren – 39
3.6.3   Wer fragt, führt gute Gespräche – 41
3.6.4   Auch gute Ratschläge sind zuweilen Schläge – 44

3.7   Entscheidungsprozesse begleiten – 48
3.7.1   Neue Optionen eröffnen – 49
3.7.2   Emotionale Unterstützung bei wichtigen Entscheidungen – 50
3.7.3   In Krisen unterstützen und Grenzen erkennen – 52

© Springer Fachmedien Wiesbaden GmbH, ein Teil von Springer Nature 2019
S. Pflaum, L. Wüst, *Der Mentoring Kompass für Unternehmen und Mentoren*,
https://doi.org/10.1007/978-3-658-22530-8_3

3.8   Ein Tandem auf Augenhöhe – 53
3.8.1   Was erwarten Mentees? – 54
3.8.2   Der Mentor als besonderer Ansprechpartner – 54
3.8.3   Die Kommunikation optimal gestalten – 54
3.8.4   Fachliches und Persönliches richtig sondieren – 56
3.8.5   Die eigene Rolle reflektieren – 56

3.9   Netzwerke analysieren und knüpfen – 56
3.9.1   Vorhandene Ressourcen analysieren – 57
3.9.2   Empfehlungen und Referenzen aussprechen – 58
3.9.3   Berufliche und persönliche Netzwerke teilen – 58

3.10   Klingt nach einem guten Plan – 58
3.10.1 Typische Verläufe von Mentoring-Beziehungen – 58
3.10.2 Verbindlich und nachhaltig zusammenarbeiten – 61
3.10.3 Wenn es im Tandem knirscht – 63
3.10.4 In die Selbstständigkeit führen – 64
3.10.5 „Auch die guten Dinge haben ein Ende." – 65
3.10.6 Ehemalige Mentees sind die besten Mentoren! – 65

3.11   Mentoring im Unternehmen etablieren – 65
3.11.1 Konzept, Qualitätssicherung und Evaluation – 66
3.11.2 Das A und O: das Commitment der Organisation – 68

Literatur – 68

3.1 Mit dem Mentoring-Kompass erfolgreich arbeiten

Der vorliegende Kompass soll Ihnen einen schnellen und vor allem an der Mentoring-Praxis orientierten Einblick geben, wie Sie Mentoring im Unternehmen etablieren können und was er hierzu Wichtiges zu beachten gibt. Auf den nachfolgenden Seiten werden Sie daher nicht nur Expertenwissen finden, sondern wie schon im letzten Kapitel auch viele Originalstimmen von Mentoren und Mentees aus den uns bekannten Mentoring-Programmen. Unserer Ansicht nach ist dies der beste Weg, um einen schnellen und dennoch guten Zugang zum Thema zu bekommen.

Am Ende des Buches finden Sie eine Reihe von Checklisten, die Ihnen bei der Konzeption, Einführung und Begleitung des Programms hilfreich sein können. Diese Listen können Sie auch online herunterladen.

3.2 Rekrutierung der Mentoren und Profilbogen

3.2.1 Anforderungen an einen guten Mentor

Im vorangegangenen Kapitel wurden mit den Mentoring-Typen bereits einige wichtige Fähigkeiten eines guten Mentors aufgezeigt. Kein Mentor muss oder wird alle diese Voraussetzungen gleichermaßen gut erfüllen. Von daher haben auch die folgenden Kriterien, die man bei der Auswahl geeigneter Mentoren berücksichtigen kann, nur Vorschlagscharakter. Sie können aber in jedem Fall sehr wertvoll dabei sein, passende Matches zwischen Mentor und Mentee zu bilden.

Ein guter Ausgangspunkt ist die Frage nach den Bedürfnissen der Mentees. Was erwarten diese von ihrem Mentor? Welchen Nutzen wollen sie aus der Beziehung zu ihm ziehen?

Positive Grundeinstellung: Der Mentor sollte eine positive Grundeinstellung zum Thema Mentoring haben. Beste Voraussetzung hierfür ist die freiwillige Bereitschaft zur Teilnahme und die Möglichkeit, auf die Auswahl des Mentees Einfluss nehmen zu können. Selbstverständlich sollte eine positive Haltung zu den Zielen des Unternehmens oder der Organisation sein, die das Mentoring-Programm initiiert.

Mentor - Ich habe mich entschieden, Mentor zu werden, weil ich mir selbst ein solches Angebot zu Beginn meiner Karriere gewünscht hätte. Es macht mir große Freude, junge Menschen bei ihren ersten Schritten ihrer Karriere zu begleiten und ihnen vielleicht zu helfen, dass sie den einen oder anderen Fehler, den ich gemacht habe, zu vermeiden.

Selbstbewusst sein und Selbstbewusstsein vermitteln: Der Mentor sollte in der Organisation fest verankert sein und ein gesundes Maß an eigenem Selbstbewusstsein mit Blick auf die eigene Karriere mitbringen. Das schließt ausdrücklich auch die Bereitschaft mit ein, dass nicht nur der Mentee, sondern auch der Mentor seine eigene Karriere im Rahmen des Mentoring-Prozesses reflektiert.

Mentor - Das Mentoring war auch für mich als Mentor eine gute Möglichkeit, meine eigene Karriere zu reflektieren, eine neue Perspektive zu gewinnen. Ich denke, dass ich meinem Mentee mit meiner Erfahrung neue Impulse geben konnte.

3

Führungspotenzial: Mentoren müssen keine Führungskräfte in der Organisation sein. Ein gewisses Talent jedoch, andere Menschen zu führen und ihnen Orientierung zu geben, sollte vorhanden sein.

Mentor - Ich konnte bei der Arbeit mit meinem Mentee neue Führungs- und Beratungserfahrung sammeln, die letzten Endes auch in meinem eigenen Arbeitskontext hilfreich war.

Offenheit für neue Erfahrungen: Wichtig für den Mentor ist eine gesunde Portion an Neugier, mit dem oder den Mentees neue Menschen, Ansichten und Perspektiven kennenzulernen. Dazu gehört auch die Offenheit, vom Mentee etwas lernen zu können.

Mentor - Für mich war es vor allem auch eine Bereicherung zu erfahren, was die jungen Menschen, quasi die nachfolgende Karriere-Generation bewegt. Da gibt es schon einige interessante Unterschiede.

Zuhören können: Ein guter Mentor ist stets auch ein guter Zuhörer, der den Mentoring-Prozess neben hilfreichen Tipps vor allem mit guten Fragen steuert.

Mentor - Ich hatte das Gefühl, der Mentee kannte die Antworten schon. An mir war es nur, diese mit Fragen aus ihm herauszukitzeln.

Orientierung geben: In der Regel ist der Mentee jünger und weniger erfahren als sein Mentor. Von daher will der Mentee vom Erfahrungsvorsprung seines Mentors profitieren. Dieser Vorsprung sollte mit Blick auf die Zielsetzung des Programms angemessen groß sein. Empfehlenswert sind fünf oder mehr Jahre Erfahrungsabstand. Alternativ kann man sich an der 10.000 Stunden-Regel orientieren, die der US-Psychologe Anders Ericsson zusammen mit seinen beiden Kollegen Ralf Krampe und Clemens Tesch-Römer 1993 formulierte. Wenn man 10.000 Stunden Erfahrung in einem Fach hat, beherrscht man dieses sehr gut. Ein entsprechender Erfahrungsvorsprung in einem bestimmten Fachgebiet oder in der Führung sollte für das Amt des Mentors qualifizieren.

Mentor - Mein Mentee hat so viel Potenzial. Allerdings stand er sich bei vielen Entscheidungen selbst im Weg. Daran haben wir gearbeitet. Ich denke, dass es ihm da geholfen hat, dass ich viele Dinge, Themen, Probleme in meiner Karriere schon erlebt, gesehen, durchgestanden habe. Mit meinem Mehr an Erfahrungen konnte ich dem Mentee im Austausch helfen, einige Umwege, die ich in meiner Karriere gehen musste, zu vermeiden.

Reflektieren und Feedback geben: Der Mentor muss in der Lage sein, dem Mentee immer wieder offenes und auch kritisches Feedback in fachlichen und in persönlichen Fragen zu geben.

Mentor - Am Ende jeden Treffens standen immer Fragen wie: Was fandest Du an unserem Treffen heute gut? Was wünscht Du dir für das nächste Mal? So haben wir uns immer offenes, durchaus auch kritisches Feedback gegeben. Das ist meiner Meinung nach ein guter Weg, das Leben in der Mentoring-Beziehung zu erhalten.

Vernetzen können: Ein guter Mentor ist innerhalb und außerhalb des Unternehmens gut vernetzt. Er hat viele Kontakte zu unterschiedlichen fachlichen Bereichen sowie Führungsebenen und scheut sich nicht, dem Mentee Zugang zu seinem persönlichen Netzwerk zu gewähren. Für den Mentee sollte der Mentor unter anderem so etwas wie ein Netzwerk-Katalysator sein.

Mentor - Wenn ich meinen Mentee über ein halbes Jahr oder Jahr gut kennengelernt habe, habe ich auch kein Problem damit ihn weiterzuempfehlen, ihm einen Arbeitgeber aus meinem Kreis vorzustellen. Wenn es passt, ist das für mich sogar selbstverständlich. Das Wichtige aber ist, dass ich ihn erst kennenlernen will, bevor ich empfehle.

Zeit: Je nach Ziel des Mentoring-Programms muss der Mentor hinreichend Zeit für den Mentee haben. Dazu zählen regelmäßige Treffen, monatlich bis vierteljährlich, die mindestens 90 bis 120 min dauern sollten. Hinzu kommt eine angemessene Vor- und Nachbereitung der Treffen.

Mentor - Wir treffen uns regelmäßig nach konkretem Bedarf. Das bewegt sich so zwischen zwei bis drei Treffen pro halbem Jahr. Es orientiert sich aber auch daran, ob und wie viel Gesprächsbedarf besteht. Dazwischen haben wir vereinbart, können wir im Fall der Fälle auch per Email oder telefonisch Kontakt halten.

Ressourcen teilen: Eigentlich ist es selbstverständlich, dennoch sollten sich die Organisatoren des Mentoring und die Mentoren die Frage stellen und beantworten, wie der Mentee konkret vom angebotenen Mentoring profitieren kann. Hierzu lautet die Kernfrage, ob die vergangenen und aktuellen Erfahrungen sowie das Wissen des Mentors tatsächlich relevant für die Situation und die Pläne des Mentees sind.

Mentor - Als ich mich für das Mentoring-Programm angemeldet habe, war es sehr gut, dass die Organisatoren ganz klar die Ziele formulierten. Was gehört zum Mentoring und was nicht. Das half, falsche und ggf. überzogene Erwartungen zu vermeiden. Denn meine Befürchtung war anfangs schon, der Mentee könnte erwarten, dass ich ihm direkt einen neuen Job in unserem Unternehmen vermittelte. Dass hier kein Automatismus vorliegt, war beiden Seiten klar. Dass ich ihm am Ende dann doch einen Job anbieten konnte, war dann umso besser.

3.2.2 Vorschlag für einen Mentoren-Profilbogen

Profilbögen helfen, einen schnellen und guten Überblick über die Person und Qualifikation des Mentors zu erhalten. Die Bögen sollten stets denselben Aufbau haben, sodass sich Mentoren und Mentees schnell orientieren können. Eine Faustregel lautet, dass der Mentor nicht mehr als 30 min zum Ausfüllen benötigt und der Mentee sich innerhalb von 5–10 min im Profil des Mentors zurechtzufinden kann.

3

Persönliche Daten	Weniger ist mehr. Es empfiehlt sich genau zu überlegen, welche Daten der Mentee zur sachorientierten Auswahl des Mentors benötigt. Insbesondere die Kontaktdaten sollte der Mentee erst dann erhalten, wenn er sich für einen Mentor entschieden hat, um ihn dann zu kontaktieren **Fotos:** Bilder von Mentoren sind Geschmacksache. Mit ihnen gibt man automatisch Geschlecht und Alter des Mentors preis. Auf der anderen Seite können sie ein wichtiger erster Eindruck für den Mentee sein: Wie stellt sich ein Mentor in seinem Bild dar? **Geschlecht:** In den meisten Studien spielt das Geschlecht für die Auswahl des Mentors und wichtiger noch für den Erfolg des Mentoring nur eine untergeordnete Rolle. Je nachdem, welchen Hintergrund das Programm hat, kann die Angabe des Geschlechts als Auswahlkriterium Sinn machen. Allerdings sei angemerkt, dass z. B. gerade beim Mentoring im Rahmen von Nachwuchs-Führungskräfteprogrammen gemischtgeschlechtliche Tandems sehr sinnvoll sein können. Wenn jedoch ein Mentee oder ein Mentor sich nach eigener Angabe einen gleichgeschlechtlichen Tandempartner wünscht, sollte dies nach Möglichkeit berücksichtigt werden **Alter:** Das Alter spielt insofern eine Rolle, als dass ein dem Thema angemessener Alters- und damit Lebens- und Berufserfahrungsabstand zwischen Mentor und Mentee bestehen sollte. Bei der Auswahl nach dem Alter können Mentees unterschiedliche Präferenzen haben: einen Mentor, der noch relativ nah an der eigenen Phase der Karriere ist, um möglichst viel über den nächsten konkreten Schritt in der eigenen Karriere zu erfahren; oder einen Mentor, der sehr viel erfahrener ist und möglicherweise aufgrund vielfältiger Erfahrungen besser bei der strategischen Ausrichtung der eigenen Karriere des Mentees helfen kann
Beruflicher Hintergrund	Auch hier empfiehlt es sich, die Mentoren zu kurzen und übersichtlichen Angaben zu motivieren. Der Mentee sollte – da er wohl mehrere Profile von Mentoren bei seiner Auswahl miteinander vergleichen muss – eine gute und schnelle Übersicht über den Werdegang des Mentors bekommen. Anders als bei Bewerbungen empfiehlt sich hier die Verwendung von Freitext. So erhält der Mentee über den Schreibstil des Mentors einen weiteren ersten Eindruck **Gliederung:** Die Gliederung sollte sich am thematischen Rahmen des Mentoring orientieren und im Bogen vom Wichtigsten zum weniger Wichtigen führen. Mit Blick auf Karriere-Mentoring wird folgender Aufbau empfohlen: **Aktuelle berufliche Position:** Neben der Bezeichnung der Stelle sollte der Mentor seinen aktuellen Job mit wenigen Sätzen so beschreiben, dass dabei zum Ausdruck kommt, was den Job maßgeblich kennzeichnet und was diesen für ihn besonders macht **Wichtige vorherige berufliche Positionen:** Hier sollte sich der Mentor auf drei bis fünf für ihn prägende und für seinen Werdegang wichtige Stationen beschränken. An dieser Stelle haben zum Beispiel auch Erläuterungen Platz, wenn der Mentor beispielsweise in seinem Lebenslauf einmal eine neue Richtung eingeschlagen hat **Ausbildung/Akademischer Hintergrund:** Auch die Ausbildung und der Bildungshintergrund des Mentors spielen für den Mentee eine wichtige Rolle. Möglicherweise erkennt der Mentee Parallelen in der Vergangenheit des Mentors zu seiner gegenwärtigen Situation und trifft eine entsprechende Auswahl des Mentors auch nach diesem Kriterium
Privater Hintergrund	Hier sollte es jedem Mentor freistehen, wie viel er von sich preisgeben will. Für den Mentee sind diese Informationen neben den fachlichen Hintergründen durchaus wichtig bei seiner Entscheidung. Mentoring ist immer neben der fachlichen auch eine persönliche Beziehung. Abgesehen von Erfahrung und Wissen ist also durchaus auch das persönliche Umfeld des Mentors ein wichtiges Entscheidungskriterium

Mentoring-Angebot	Der Mentor kann als Freitext und/oder als Auswahl aus vorgegebenen Kategorien beschreiben, was sein Mentoring-Angebot an den Mentee beinhaltet. Beispiele für konkrete Angebote sind: ▪ Fachliches Coaching ▪ Coaching mit Blick auf die Persönlichkeitsentwicklung ▪ Feedback zu Stärken und Schwächen ▪ Orientierungshilfe bei Karrierefragen ▪ Unterstützung bei Bewerbungen ▪ Networking, Teilhabe am eigenen Netzwerk ▪ Job Shadowing (1 Tag mitlaufen und beobachten am Arbeitsplatz des Mentors) ▪ Vermittlung und Begleitung in eine neue berufliche Position ▪ Gemeinsame Arbeit an Führungskompetenzen ▪ und vieles mehr… Sinn macht auch die Frage, wie der Mentee vom Mentoring-Angebot des Mentors profitieren kann, am besten mit offener Freitext-Antwortmöglichkeit
Erwartungen an den Mentee	Der Mentor kann aus vorgegebenen Kategorien auswählen, was er vom Mentoring erwartet, zum Beispiel: ▪ Fachliches Coaching ▪ Coaching mit Blick auf die Persönlichkeitsentwicklung ▪ Feedback zu Stärken und Schwächen ▪ Orientierungshilfe bei Karrierefragen ▪ Unterstützung bei Bewerbungen ▪ Networking, Teilhabe am eigenen Netzwerk ▪ Job Shadowing ▪ Vermittlung und Begleitung in eine neue berufliche Position ▪ Gemeinsame Arbeit an Führungskompetenzen ▪ … Idealerweise gibt auch der Mentee in eigenen Worten an, was er vom Mentoring erwartet und warum er sich für das Programm angemeldet hat

3.3 Rekrutierung der Mentees und Profilbogen

3.3.1 Anforderungen an einen guten Mentee

An den Mentee sollten ähnliche Anforderungen wie an den Mentor gestellt werden.

Positive Grundeinstellung: Auch beim Mentee ist eine positive Grundhaltung zum Mentoring an sich und zur Organisation, die das Mentoring betreibt, vorauszusetzen. Zudem sollten sich auch Mentees aus eigenen Stücken für das Programm anmelden und einen gewissen Einfluss auf die Auswahl des Mentors haben.

Mentee - Ich hatte die Idee, jemanden kennenzulernen, der es in gewisser Weise ‚geschafft' hat. Von so jemandem kann man viel lernen.

3

Offenheit für neue Erfahrungen: Wichtig ist hier vor allem ein echtes Interesse des Mentees an der Person des Mentors und die Bereitschaft, von ihm lernen zu wollen.

Mentee - Eigentlich hatte ich zunächst keine konkrete Vorstellung davon, was man beim Mentoring alles machen kann. Aber ich war schlicht neugierig, jemanden aus diesem beruflichen Bereich kennenzulernen.

Reflektieren und Feedback nehmen: Dazu gehört die Fähigkeit und die Bereitschaft, positives aber auch kritisches Feedback im Mentoring-Prozess annehmen zu können und im besten Fall für den eigenen Entwicklungsprozess positiv zu nutzen.

Mentee - Ich bin sehr ehrgeizig und ich dachte ich brauche jemanden, der mich auch mal bremst.

Verbindlichkeit und Wertschätzung: Dreh- und Angelpunkt einer erfolgreichen Beziehung ist eine hohe Verbindlichkeit des Mentees gegenüber dem Mentor. Hierzu zählen das pünktliche Einhalten von Terminen und anderen Vereinbarungen, eine aktive Mitwirkung bei der Organisation der Treffen sowie der vertrauliche Umgang mit Informationen und der wertschätzende Umgang mit den Kontakten, die der Mentor gegebenenfalls vermittelt.

Mentee - Durch den Mentor habe ich Kontakte geknüpft, die mir so nicht zugänglich gewesen wären. Ich war da sehr positiv überrascht, dass er mich z. B. zu wichtigen Terminen einfach mitgenommen hat und mich den Leuten dort vorgestellt hat.

Eigeninitiative: Mentoring ist in erster Linie eine Holschuld des Mentees. So sollte idealerweise der Mentee die Termine mit dem Mentor aktiv einfordern und organisieren.

Mentee - Mein Mentor hat mir gleich die Organisation der Folgetreffen übertragen.

Zeit: Wie der Mentor muss auch der Mentee hinreichend Zeit in den Mentoring-Prozess investieren: regelmäßige Treffen, monatlich bis vierteljährlich, die mindestens 90 bis 120 min dauern sollten. Hinzu kommt eine angemessene Vor- und Nachbereitung der Treffen.

Mentee - Wir haben uns in etwa alle sechs Wochen getroffen. Wenn etwas Akutes anstand, konnte ich auch anrufen und auch auf meine Emails hat er schnell reagiert. Das hat sich recht gut eingespielt.

3.3.2 Vorschlag für einen Mentee-Profilbogen

Es empfiehlt sich, den Bogen für Mentees parallel und passend zu dem der Mentoren aufzubauen.

Persönliche Daten	Ähnlich wie bei den Mentoren sollten nur die persönlichen Daten gesammelt werden, die für ein angemessenes Matching erforderlich sind Für **Fotos, Geschlecht** und **Alter** gelten die gleichen Empfehlungen wie für die Profile der Mentoren. Optional kann der Mentee noch seinen tabellarischen Lebenslauf mit hinterlegen

Beruflicher Hintergrund	Der Mentee sollte hier kurz und knapp seinen bisherigen Werdegang darstellen sowie seine beruflichen und persönlichen Pläne für die kommende Zeit (in Abhängigkeit vom zeitlichen Rahmen des Mentoring) **Gliederung:** Auch hier gilt ein Aufbau vom für das Matching Wichtigen zum weniger Wichtigen **Aktuelle berufliche Position sowie persönliche und berufliche Ziele für die Zukunft:** Während im Mentoren-Profil die in der Vergangenheit gesammelten Erfahrungen im Mittelpunkt stehen, sind es bei den Mentees die Pläne für die Zukunft, bei denen der Mentor unterstützen kann **Ausbildung/Akademischer Hintergrund:** Diese Angaben dienen dem Mentor als Orientierung, worauf er bei seinem Mentoring aufbauen kann
Privater Hintergrund	Auch dem Mentee sollte es freistehen, wie viel er von sich preisgeben will. Es gelten die gleichen Empfehlungen wie für den Mentor. Hobbies und private Interessen können für den Mentor hilfreiche Anhaltspunkte bei der Vorbereitung des Mentoring sein
Erwartungen an den Mentor	Der Mentee kann aus vorgegebenen Kategorien auswählen, was er vom Mentoring erwartet, zum Beispiel: - Fachliches Coaching - Coaching mit Blick auf die Persönlichkeitsentwicklung - Feedback zu Stärken und Schwächen - Orientierungshilfe bei Karrierefragen - Unterstützung bei Bewerbungen - Networking, Teilhabe am eigenen Netzwerk - Job Shadowing - Vermittlung und Begleitung in eine neue berufliche Position - Gemeinsame Arbeit an Führungskompetenzen - … Idealerweise gibt der Mentee auch in eigenen Worten an, was er vom Mentoring erwartet und warum er sich für das Programm angemeldet hat

3.4 Wie lehnt man ungeeignete Mentoren-Kandidaten ab?

Das Ablehnen eines Mentors ist zweifelsohne ein heikler Punkt. Interne Mentoring-Programme leben gerade davon, dass sich Führungskräfte oder Mitarbeiter als Mentor zur Verfügung stellen. Dieses Engagement sollte honoriert werden und so wirkt es natürlich demotivierend, wenn man einen Mentor ablehnen würde. Dennoch haben wir diese Fälle in der Praxis erlebt und die Ablehnungen waren nachvollziehbar. Wie bei jeder Entscheidung im unternehmerischen Kontext ist es auch hier hilfreich, Transparenz über die Gründe zu schaffen. Dies ist dann leichter zu realisieren, wenn man a priori bei der Kommunikation über das Programm darauf geachtet hat, dass man ein Anforderungsprofil für Mentoren veröffentlicht hat. Sollte man dann unternehmensintern mehr Kandidaten finden, als man an Mentoren benötigt, so sollte die Auswahl der einzelnen Kandidaten in Bezug auf das Anforderungsprofil erfolgen. Je klarer vorab

3

kommuniziert wird, dass es einen solchen Auswahlprozess gibt, umso leichter lassen sich die entsprechenden Gespräche führen. Wir haben auch erlebt, dass diese Gespräche wunderbare Gelegenheiten waren, um jemandem ein ehrliches Feedback zu geben, welches er sonst womöglich nicht erhalten hätte und dessen Inhalt den Betroffenen so teilweise auch gar nicht deutlich war.

Auch die Teilnahme der Mentees sollte an gewisse Kriterien gekoppelt sein, die ebenfalls von Anfang an transparent sein müssen. Dabei gibt es manchmal harte Kriterien, die sich dann auch schnell kommunikativ darstellen lassen. Dies kann bei Universitätsprogrammen beispielsweise die Semesteranzahl und das zu erwartende Studiumsende sein, bei unternehmensinternen Programmen werden oft gewisse Zielgruppen angesprochen, wie zum Beispiel alle diejenigen, die nicht länger als zwei Jahre im Unternehmen sind, oder die die erste Führungsaufgabe übernommen haben. Werden diese Kriterien nicht erfüllt, fällt eine Absage leicht. Idealerweise sollte mit jedem Mentee auch ein kurzes Gespräch über die persönlichen Motive zur Teilnahme stattfinden. Wenn dort Erwartungen oder Vorstellungen geäußert werden, die nicht zu den Zielen des Programms passen, macht eine Absage ebenfalls Sinn. So haben wir Fälle erlebt, wo Mentees die Idee hatten, dass das Mentoring-Programm eine Art Garantie für einen anschließenden Karriereschritt sein sollte oder auch Situationen, in denen das erforderliche Maß an Unterstützung nicht durch Mentoring, sondern durch andere Formen psychosozialer Unterstützung erbracht werden müssten. Auch hier ist es wichtig, von Anfang an maximale Transparenz über den Auswahlprozess und die angelegten Kriterien zu geben.

3.5 Der Matching-Prozess

Der Matching-Prozess ist ein weiterer Dreh- und Angelpunkt erfolgreichen Mentorings. Mentor und Mentee müssen sowohl fachlich als auch persönlich gut zueinander passen. Für den Erfolg ist es daher wichtig, dass beide Seiten des Tandems Einfluss auf die Auswahl des Mentoring-Partners haben.

Mentor - Ich finde es gut, dass ich vor dem Matching das Kurzprofil und den Lebenslauf des Mentees bekommen habe, um mir einen ersten Eindruck zu verschaffen und um abschätzen zu können, ob ein erstes Treffen Sinn macht. Man merkte aber auch, dass sich die Organisatoren gute Gedanken machten, wen Sie als Mentee vorschlagen. Entscheidend ist für mich aber immer das erste persönliche Treffen: Stimmt die Chemie? Haben wir genug fachliche und persönliche Überschneidungen? Am Ende des ersten Treffens sollten beide Seiten ganz offen miteinander sprechen, ob ein Tandem Sinn macht oder nicht.

Mentee - Zuerst war ich überfordert von der Auswahl an Mentoren. Ich dachte, man würde mir einen Mentor zuteilen. Am Ende aber war ich sehr froh, dass ich mir die Zeit nehmen musste, um die Profile verschiedener Mentoren miteinander zu vergleichen und um eine Auswahl zu treffen. Beim Lesen der Profile habe ich ein noch klareres Bild davon bekommen, was Mentoring ist, was mir nutzen kann und was ich mir darunter vorstellen kann.

Die Organisation sollte den Prozess mehr begleiten, denn bestimmen. Der Vollständigkeit halber seien mehrere denkbare Prozesse des Matchings erwähnt.

3.5.1 Die Organisation matcht Mentor und Mentee

Das Unternehmen matcht nach einem oder mehreren festgelegten Kriterien aus den Profilen.

Mentee	Mentor
Angestrebte fachliche Position	Aktuelle/bisherige fachliche Positionen
Angestrebte Führungsposition	Aktuelle/bisherige Führungspositionen
Möglichst kleiner Hierarchieunterschied (Altersunterschied)	Empfehlenswert dann, wenn der Mentor möglichst viel über seinen eigenen Einstieg in den Beruf oder in eine bestimmte Position berichten soll
Möglichst großer Hierarchieunterschied (Altersunterschied)	Empfehlenswert dann, wenn der Mentor bereits viel Erfahrung in verschiedenen Bereichen und Positionen gesammelt haben soll
Angaben zu den Erwartungen an den Mentor	Angaben zu den Erwartungen an den Mentee

3.5.2 Der Mentor wählt den Mentee aus

Alternativ kann man dem Mentor verschiedene Mentees vorschlagen, aus denen er sich einen oder mehrere aussucht. Meist orientieren sich Mentoren bei der Auswahl an den gleichen Kriterien wie oben genannt.

Mentor - Ich screene das Kurzprofil und den CV des Mentees und sehe mir aber vor allem an, was er als Motivation geschrieben hat, warum er am Mentoring teilnehmen möchte. Das ist ein wenig wie eine klassische Bewerbung. Ich will da schon überzeugt davon werden, dass es mein Gegenüber ernst mit dem Mentoring meint. Und ja, ich habe auch schon Mentees abgelehnt, weil ich vom Profil nicht überzeugt war. In die Entscheidung spielt immer Fachliches und Persönliches mit hinein. Ich denke, da gibt es auch keine Regel, was wichtiger ist. Ich hatte Mentees, mit denen ich weniger fachliche als persönliche Übereinstimmungen hatte und umgekehrt. Auf das Gesamtpaket und was mein Bauchgefühl dazu sagt, darauf kommt es an.

3.5.3 Der Mentee wählt den Mentor aus

Die besten Erfahrungen wird man machen, wenn man dem Mentee die Auswahl überlässt. Der Mentee sucht Unterstützung und weiß damit am besten, worauf er in seinem Sinne bei der Auswahl des Mentors am meisten achtet.
1. Mentees und Mentoren können sich online über eine Plattform für das Mentoring-Programm anmelden. Grundlage der Anmeldung sind die eingangs genannten Profilbögen.
2. Die Mentoren werden entweder einzeln, im persönlichen Gespräch oder im Rahmen einer Schulung auf das Programm vorbereitet und mit dem Vorgehen beim Matching vertraut gemacht.
3. Nach der Anmeldung eines Mentees wird mit diesem zeitnah ein persönliches Beratungsgespräch zur Auswahl des Mentors vereinbart. Im Rahmen dieser Beratung mit einem Vertreter der Organisatoren des Mentoring-Programms

3

kann sich der Mentee aus den Profilen der Mentoren beispielsweise drei mögliche Tandempartner aussuchen.

4. Der Berater bespricht die Auswahl mit dem Mentee, fragt nach den Hintergründen der Auswahl, um herauszufinden, ob der Mentee seine Wahl nach geeigneten Gesichtspunkten getroffen hat. In der Regel wird dies der Fall sein.

5. Manchmal ist es hilfreich, die ausgewählten Mentoren gemeinsam mit dem Mentee zu priorisieren. Wichtig ist es dabei allerdings, dem Mentee zu versichern, dass auch die mit Rang 2 und 3 versehenen Mentoren geeignet sind, sollte die Wahl auf sie fallen.

6. Der Mentee wird über den weiteren, folgenden Verlauf des Matching-Prozesses aufgeklärt:

7. Die Organisation nimmt in der vom Mentee bestimmten Reihenfolge zunächst mit dem als erstes ausgewählten Mentor Kontakt auf und sendet diesem das Profil des Mentees als Vorschlag für ein Tandem zu.

8. Der angeschriebene Mentor entscheidet, ob er sich ein Tandem vorstellen kann.

9. Ist dies nicht der Fall, wird der zweite Mentor auf der Liste angeschrieben. Es empfiehlt sich, die ausgewählten Mentoren nach und nach anzuschreiben, um Enttäuschungen zu vermeiden, sollten zwei zugleich zusagen.

10. Stimmt der Mentor zu, erhalten er und der Mentee eine Matching-Email der Organisation, mit der Einladung, zeitnah ein erstes persönliches Treffen zu vereinbaren. Die Mail sollte die Profile der beiden Tandempartner und gegebenenfalls den Lebenslauf des Mentees enthalten. Darüber hinaus sind Tipps zum ersten Treffen, wie sie unser Ratgeber gibt, für beide Seiten hilfreich. In der Email sollte auch erneut betont werden, dass Mentee und Mentor gemeinsam und auf Augenhöhe nach dem ersten oder zweiten Treffen entscheiden, ob es für beide Seiten fachlich und persönlich für ein Tandem passt.

11. Der Mentee nimmt mit dem Mentor Kontakt auf und vereinbart das erste persönliche Treffen.

12. Nach dem ersten oder zweiten Treffen entscheiden beide, ob sie mit dem Tandem fortfahren wollen und teilen dies der Organisation, zum Beispiel mit einem Online-Feedbackformular, mit.

13. Stimmen beide Seiten zu, gilt das Tandem als etabliert. Stimmen beide oder eine Seite nicht zu, wird gemeinsam mit dem Mentee nach einer Alternative gesucht.

14. Es empfiehlt sich, dass die Organisation nach etwa 30 Tagen noch einmal nachhält, ob ein erstes Treffen bereits stattgefunden hat und ob das Tandem gut läuft.

Mentee - Auch wenn das erste Treffen den Ausschlag gegeben hat, ob wir ein Tandem eingehen oder nicht. Das Profil des Mentors vorher zu kennen, hat mir sehr geholfen, mich auf das Treffen vorzubereiten. Ich habe meinen Mentor nach den folgenden Kriterien ausgewählt: Berufserfahrung, Branche und auch wie er das Persönliche über sich selbst geschrieben hat. Es war mir wichtig, jemanden zu finden, der auch Humor ausstrahlt.

3.6   Guter Rat ist nicht teuer

3.6.1   Das erste Treffen vorbereiten und meistern

Das erste Treffen kann entweder vom Tandem selbst oder in Form einer gemeinsamen Auftaktveranstaltung vom Unternehmen organisiert werden:

Mentee und Mentor vereinbaren selbstständig das erste Treffen

In der Regel sollte der Mentee nach dem Matching den ersten Schritt unternehmen und schriftlich oder telefonisch Kontakt mit dem Mentor aufnehmen. Der Mentee unterstreicht damit seine Motivation und die Ernsthaftigkeit seines Anliegens. Gemeinsam legen beide fest, wann und wo sie sich ein erstes Mal persönlich treffen.

Insbesondere wenn der Alters-, Erfahrungs- und/oder Hierarchie-Unterschied zwischen Mentor und Mentee besonders groß ist, kann es mit Blick auf etwaige Berührungsängste sinnvoll sein, dass der Mentor den ersten Schritt unternimmt und per Email, besser noch telefonisch mit dem Mentee Kontakt aufnimmt. In diesem Fall schlägt der Mentor den Termin, die Zeit und den Ort des ersten Treffens vor.

Mentee - Es war nicht unbedingt leicht, nach der Matching-Email zum Hörer zu greifen, um den Mentor, immerhin eine bis dahin fremde Person, anzurufen. Dann aber war es ganz unkompliziert. Wichtig ist wohl die Gewissheit, dass in einem Mentoring-Programm nur Mentoren sind, die sich auch auf diese Kontaktaufnahme durch einen Mentee freuen oder darauf vorbereitet sind.

Wichtig für die ersten Kontakte

Der Mentor muss sich insbesondere am Anfang darüber bewusst sein, dass er einen Alters-, Erfahrungs- und/oder Hierarchievorsprung hat. Auch wenn eine Mentoring-Beziehung formell von der Organisation eingefädelt wird, hat sie stets auch informellen Charakter. Mentor und Mentee sollten so weit möglich auf Augenhöhe miteinander kommunizieren. Der Mentor sollte also dem Mentee gegenüber entsprechend offen und auch bei der Terminvereinbarung flexibel auftreten.

Erfolgreiches Mentoring setzt ein hohes Maß an Vertrauen voraus. Dazu kann der Mentor wesentlich beitragen, wenn es ihm schnell gelingt, eine angenehme Gesprächsatmosphäre zu erzeugen, die das Gefühl vermittelt, auf Augenhöhe zu agieren. Auch wenn manchmal der Altersunterschied zwischen Mentee und Mentor gering sein mag, so repräsentiert der Mentor für den Mentee doch eine gewisse Autorität. Immer wieder erleben wir, dass Mentoren dies unterschätzen und zwar gerade dann, wenn sie sich selbst als sehr umgängliche Typen erleben.

Der Mentor kann daher viel dazu beitragen, die Gesprächsatmosphäre zu entspannen, gerade dann, wenn er sich nahbar zeigt. In der Perspektive der Mentees wirken die Lebensläufe von Mentoren oftmals sehr beeindruckend, sehr stringent und geradlinig. Dies mag im Nachhinein so scheinen, dennoch haben auch die Mentoren vieles in ihrem Lebenslauf zum jeweiligen Zeitpunkt keineswegs als geradlinig erlebt. Etliche Veränderungen waren anfangs oftmals nicht gewollt und vieles im Lebenslauf resultierte aus der Gunst der Stunde, aus einem besonderen Moment und oblag nicht der linearen voraussehenden Planung. Je mehr Mentoren bereit sind, darüber Einblick zu geben, umso schneller entsteht eine sehr persönliche Gesprächsatmosphäre. Ein guter Einstieg bei der persönlichen Vorstellung des Mentors kann daher folgender sein: „Zu diesem Zeitpunkt in meinem Leben hätte ich mir auch einen Mentor gewünscht, weil…".

Mentor - Ich bewundere junge Menschen, die sich für das Mentoring anmelden. Es ist nicht selbstverständlich, dass man sich mit einer zunächst fremden Person trifft und mit ihr über doch sehr persönliche Themen spricht. Von daher ist es seitens des Mentors sehr wichtig, dass man eine angenehme
und offene Atmosphäre schafft. Das muss nicht gleich beim ersten Treffen das ‚Du' sein, auch wenn ich
den meisten Mentees irgendwann das ‚Du' angeboten habe, aber es geht darum, dass man mögliche
Hemmschwellen mit einer offenen Art gar nicht erst aufkommen lässt.

Der geeignete Ort für das erste Treffen

Die Wahl des Ortes für ein erstes Treffen ist natürlich Geschmacksache. Je nachdem,
welchen ersten Eindruck man vermitteln möchte, sind folgende Örtlichkeiten denkbar:
Trifft man sich außerhalb des Unternehmens, zum Beispiel in einem Café oder bei einem
gemeinsamen Mittagessen, verlässt man damit auch räumlich den formellen Bereich
des Unternehmens. So schafft man per se eine etwas lockerere Atmosphäre. Beiden
Tandempartnern fällt es in einer informellen Umgebung leichter, auch persönlich, über
reine Arbeitsthemen hinaus ins Gespräch zu kommen. Natürlich kann man sich auch
im Unternehmen treffen, etwa wenn sich so schneller und einfacher ein erstes Treffen
organisieren lässt. Oder man möchte als Mentor bewusst einen eher formellen Akzent in
Richtung einer Arbeitsbeziehung setzen.

Mentee - Wir haben uns in einem Café in der Nähe seiner Arbeit getroffen. Das fand ich sehr gut, weil er
mir im Nachgang des ersten Gesprächs auch angeboten hat, dass wir beim nächsten Mal im Anschluss
seine Abteilung besuchen.

Mentor - Für das erste Treffen haben wir bewusst einen Ort außerhalb des Büros gewählt. Es war für
mich wichtig, so auch den informellen Charakter des Mentorings zu unterstreichen. Es sollte zwangloser
sein. Das formelle Weiß der Bürowände fand ich da irgendwie nicht so gut geeignet.

Zeitlicher und inhaltlicher Umfang des ersten Treffens

Aus unserer Erfahrung heraus bewegt sich das erste Treffen zeitlich meist im Rahmen
von 90 bis 120 min. Die Dauer ist vor allem davon abhängig, wie viele konkrete Fragestellungen seitens Mentor und Mentee mit zum ersten Treffen gebracht werden und wie
gut das Tandem dem ersten Eindruck nach fachlich und persönlich zusammenpasst.

Mögliche Themen für das erste Treffen

- Mentor und Mentee stellen sich jeweils mit ihrer persönlichen und beruflichen
  Biografie vor. Hierzu kann der Mentee auch seinen Lebenslauf zum ersten Treffen
  mitbringen. Bei Fragen zu persönlichen Themen ist Fingerspitzengefühl gefragt, um
  das Gegenüber nicht auszuhorchen. Es ist eine Typfrage, ob und wie viel man im
  Rahmen eines Mentoring-Prozesses von seinem persönlichen Umfeld preisgeben
  möchte.
- Beide erzählen sich, wie sie zum Mentoring-Programm kamen und was sie grundsätzlich vom Mentoring erwarten. Diese Erwartungen werden in den Folgetreffen
  konkretisiert.
- Das Tandem gibt sich Kommunikationsregeln: Wann und wie oft will man sich treffen? Wie und auf welchen Wegen will man miteinander Kontakt halten? Siezt oder
  duzt man sich?

Beispiele für konkrete Fragen
- Warum haben Sie sich für das Mentoring-Programm angemeldet?
- Was genau machen Sie derzeit beruflich?
- Was gefällt Ihnen an Ihrer derzeitigen Tätigkeit besonders/gar nicht?
- Wohin möchten Sie beruflich wachsen und warum?
- Wie kann ich Sie dabei auf den ersten Blick unterstützen?
- Welche Interessen haben Sie neben dem Beruf?
- Welche Ziele wollen wir uns für die nächsten beiden Treffen setzen?

Mentee - Es war sehr gut, dass wir vor dem ersten Treffen einen kurzen Leitfaden mit auf den Weg bekommen haben, um was es bei den ersten Treffen, insbesondere beim ersten Treffen geht. Ich muss gestehen, dass ich sonst wohl sehr unvorbereitet gewesen wäre, was definitiv ein schlechter Start gewesen wäre, denn mein Mentor war – so hatte ich den Eindruck – sehr gut vorbereitet. Ich war erstaunt, dass wir sehr gut ins Gespräch gekommen sind und uns neben fachlichen Themen auch einigen persönlichen Themen zugewandt haben.

Mentor - Angenehm überrascht hat mich die Offenheit meines Mentees, sich mit mir über all die Themen auszutauschen. Er war sehr gut vorbereitet und das gegenseitige Interesse, sich kennenzulernen, war groß. Eigentlich hatte ich mir eine feste Agenda festgelegt und hatte schon ein wenig die Befürchtung, dass das Gespräch sehr steif werden könnte. Das war nicht der Fall, wir sind gut gestartet. Aber mit der vorbereiteten Agenda im Hintergrund fühlte ich mich dennoch gut.

Offenes Feedback nach dem ersten Treffen

Formelle Mentoring-Beziehungen dauern in der Regel zwischen 12 und 36 Monate. Das ist viel Zeit, mit vielen persönlichen Treffen. Umso wichtiger ist es, dass Mentor und Mentee nach dem ersten Treffen beide (!) das Gefühl haben, dass das Tandem fachlich und persönlich zusammen passt. Insofern ist ein offenes, ehrliches Feedback nach dem Treffen sehr wichtig. Mentoring-Beziehungen, die gegen das eigene Bauchgefühl weitergeführt werden, werden in der Forschung als toxische Beziehungen bezeichnet, da sie nichts bringen, im schlimmsten Fall beiden Seiten sogar schaden können.

Mentor - Der Mentee war sehr nett und freundlich. Ich glaube, dass es menschlich auch gepasst hätte. Aber nach meinem Empfinden konnte ich dem Mentee bei seinen persönlichen und beruflichen Plänen nicht wirklich weiterhelfen. Das habe ich ihm auch ganz offen gesagt, ihm aber geraten, er solle sich nach bestimmten Kriterien einen anderen Mentor suchen. Ich war mir auch sicher, dass es im Programm noch den einen oder anderen geeigneteren Mentor geben würde.

In diesem Sinne sollte auch das Unternehmen beide Seiten vor dem Treffen zu dieser Offenheit ermutigen und Mentoren und Mentees versichern, dass die Beziehung nur zustande kommt, wenn beide Seiten zustimmen. Es ist wichtig, hier deutlich zu machen, dass die Ablehnung seitens des Mentees und/oder des Mentors keine negativen Konsequenzen für beide Seiten im Kontext des Unternehmens hat und dass beide im Falle einer Nicht-Passung auch mit einem alternativen Partner gematcht werden können.

Das Feedback kann gleich zum Ende des Treffens erfolgen oder aber beide geben sich ein paar Tage Zeit und vereinbaren ein Folgetelefonat, ob sie das Tandem fortsetzen wollen und wann sie sich zum zweiten Mal treffen. Die gleich anschließende Vereinbarung des Folgetermins hat sich als sehr hilfreich erwiesen, denn das Tandem muss erst wachsen und läuft manchmal Gefahr, nach einem zwar erfolgreichen ersten Treffen dennoch einzuschlafen.

3

Mentee - Es hat vom fachlichen sehr gut gepasst. Aber ich habe gemerkt, dass wir keinen besonders guten persönlichen Draht zueinander finden. Das war sehr schwer, das zu formulieren. Man will ja auch niemanden persönlich verletzen. Sehr gut war es, dass ich mit den Organisatoren des Programms Rücksprache halten konnte. Am Ende habe ich dann doch mit dem Mentor offen darüber gesprochen, was eine extrem gute Übung war, künftig besser in schwere Gespräche zu gehen. Nein-Sagen ist nicht leicht, muss aber manchmal sein.

Beim ersten Treffen geht es darum, sich fachlich und persönlich kennenzulernen, um so den Grundstein für eine erfolgreiche Mentoring-Beziehung zu legen. Mit Blick auf den Alters-, Erfahrungs- und oder Hierarchieunterschied ist es für den Mentor die Kunst, eine offene, lockere, zugleich aber eine dem Anlass des Mentoring angemessen ernsthafte Atmosphäre zu schaffen. Im folgenden Kapitel finden Sie einige Hinweise, wie das gelingen kann.

Mentee - Ich fand es sehr gut, dass mir der Mentor von Anfang an offen gesagt hat, dass es mit offenem Ende darum geht, sich kennenzulernen und dass das für beide Seiten auf Augenhöhe gilt. Wir wollten uns dann nach dem ersten Gespräch ein paar Tage Zeit geben, um zu reflektieren, ob ein Tandem Sinn macht. Aber das Gespräch hat sich so entwickelt, dass wir uns dann doch gleich im Anschluss an das Gespräch für die Aufnahme des Tandems entschieden haben.

Das Unternehmen/die Institution organisiert das erste Treffen

Auf diese Art und Weise nimmt man Mentor und Mentee die Frage nach der Organisation des ersten Treffens und danach, wer zuerst mit wem Kontakt aufnimmt, ab. Das Unternehmen organisiert eine zentrale Veranstaltung, bei der sich mehrere Mentoren und Mentees zum ersten Mal treffen. Über ein einfaches erstes Kennenlernen hinaus, kann diese Veranstaltung als Workshop gestaltet werden, bei dem die Mentoren und Mentees gemeinsam, moderiert von einem Vertreter oder Trainer der Organisation an Themen rund um den Mentoring-Prozess arbeiten. Ein solches ganztägiges Event könnte wie folgt aussehen:

09:00	**Begrüßung durch die Organisatoren** Nach Möglichkeit gibt es ein Grußwort von einem möglichst hochrangigen Vertreter der Organisation (z. B. Geschäftsführung) Auf diese Weise werden Mentoren und Mentees angemessen wertgeschätzt und die Organisation unterstreicht den hohen Stellenwert des Programms **Einführung in den Tag durch den Moderator**
09:30	**Spielerisches Kennenlernen** Vielen Anregungen finden sich in Weidenmann, B. (siehe Literaturverzeichnis)
10:00	**Workshop (Vorschlag)** Je nach Anzahl der Teilnehmer werden verschiedene Arbeitstische gebildet. An jedem Tisch sitzen fünf Mentoring-Paare, die gemeinsam an einem Mentoring-Thema arbeiten. Die Themen sollten auf die konkrete Umsetzung des Programms abzielen. Sie können sich z. B. auf Inhalte unseres Kompasses beziehen und diese auf das eigene Mentoring-Programm anpassen
12:00	**Networking Buffet** Ein Buffet mit Bistrotischen oder anderen Kontaktpunkten bietet sich an, da hier offene Gespräche über den gemeinsamen Tag sowie das Programm geführt werden können und so schnell auch Kontakte über das eigene Tandem hinaus entstehen

13:00	**Präsentation der Ergebnisse** Die Gruppen stellen ihr jeweiliges Ergebnis vor und diskutieren dieses mit den anderen Gruppen
14:30	**Zusammenfassung der Ergebnisse durch den Moderator** Der Moderator fasst die Ergebnisse des Tages mündlich zusammen und kündigt eine schriftliche Zusammenfassung für die Teilnehmer des Programms an, so dass sie sich künftig daran orientieren können
15:00	**Networking Café/offener Ausklang** Nach der Verabschiedung durch die Organisation haben Mentoren und Mentees noch einmal die Gelegenheit, zum offenen Austausch zusammenzukommen

Die Veranstaltung sollte möglichst interaktiv, kurz und kurzweilig gestaltet sein. Sie soll als Bereicherung und Commitment der Organisation empfunden werden und nicht als zusätzliche zeitliche Belastung über den Arbeitsalltag hinaus.

Mentor - Ich war beeindruckt vom Mentoring-Forum und von der angebotenen Mentoren-Schulung. Das war alles sehr professionell geplant und umgesetzt. Ich sehe hier nicht nur eine Wertschätzung der Teilnehmer des Programms, sondern es war jedes Mal auch eine hervorragende Gelegenheit, sich mit anderen Mentoren und Mentees auszutauschen und für das eigene Tandem etwas dazu zu lernen. Ich fand es mit Blick auf meinen dicht geplanten Arbeitsalltag auch sehr erleichternd, dass es sich um kein Pflichtprogramm handelte, sondern dass man aus freien Stücken daran teilnehmen konnte.

Mentee - Der Mentoring Workshop war sehr kurzweilig gestaltet. Und ich fand es prima, dass man im Rahmen des Workshops mit an der Gestaltung und Optimierung des Programms arbeiten konnte. Ein wichtiges Zeichen für alle Beteiligten, wie ernst und wichtig das Mentoring in der Organisation ist. Mich hat das gleich noch mehr motiviert.

Für das Kennenlernen im Rahmen einer solchen Veranstaltung spricht vor allem das darin zum Ausdruck kommende Bekenntnis der Organisation zum Mentoring-Programm. Auch Mentoren und Mentees verbinden das Programm nicht mehr nur mit ihrem eigenen Nutzen, sondern es wird gedanklich fest mit dem Unternehmen gekoppelt. Ein weiterer Vorteil ist, dass die Teilnehmer nach der Veranstaltung einen Leitfaden für den Aufbau ihres Mentoring-Tandems haben.

Ein Nachteil kann hingegen sein, dass es sich um eine Gruppenveranstaltung handelt und so das erste Kennenlernen zwischen Mentor und Mentee nicht derartig intensiv sein wird, wie es bei einem Gespräch zu zweit möglich wäre. Dieses erste Zweiergespräch lässt sich aber leicht im Anschluss an die Veranstaltung nachholen.

3.6.2 Die Erwartungshaltungen konkretisieren

Im Anmeldebogen des Mentors und des Mentees wurden die Erwartungshaltungen beider in Stichpunkten angegeben und/oder in kurzen Texten ausformuliert. In den gemeinsamen Treffen sollte es dem Tandem nun darum gehen, diese Stichpunkte zu konkretisieren und sie in einen möglichst konkreten Handlungs- und Unterstützungs-plan zu fassen. Bei allen folgenden Vorschlägen gilt es für den Mentor, immer die Meta-frage zu beachten:

> Wie kann ich als Mentor konkret unterstützen, was muss der Mentee selbst dafür tun und wo verlaufen die Grenzen des Mentorings?

3

Orientierungshilfe bei Karrierefragen

- Welche Karriereziele hat sich der Mentee bereits gesetzt?
- Wo steht der Mentee heute und wo will er in x Jahren sein?
- Welche konkreten Schritte hat er bereits unternommen, welche stehen an?
- Wer oder was kann noch auf diesem Weg unterstützen?
- Welche vergleichbaren Erfahrungen hat der Mentor in seiner Karriere gemacht?
- …

Mentor - Ich habe meinen Mentee gebeten, er solle mir seinen gewünschten Karrierepfad, die nächsten zehn Jahre auf einem Pfeil darstellen, für jedes Jahr einen Meilenstein. Dann haben wir gemeinsam überlegt, wie ich ihm dabei helfen könnte, wenn nicht alle, so doch einige der Meilensteine besser zu erreichen.

Mentee - Mein Mentor und ich haben beim zweiten Treffen die Ziele unseres Mentorings besprochen. Ich fand es gut, dass ich mir im Vorfeld noch einmal überlegen sollte und auch schriftlich fixieren sollte, was meine Karriereziele für die nächsten Jahre sind und wo ich glaube, dass er mir helfen kann.

Begleitung in eine neue berufliche Position, zum Beispiel eine erste Führungsposition

- Um welchen beruflichen Wechsel handelt es sich?
- Welche Erwartungen verbindet der Mentee mit seinem neuen Job?
- Welche eigenen Stärken des Mentees helfen?
- Wo sieht er seine eigenen Entwicklungsfelder?
- Wie können die ersten hundert Tage im neuen Job gestaltet werden?
- Welche Erfahrungen des Mentors in seiner ersten Führungsposition könnten hilfreich sein?
- Welche konkreten Termine stehen an?
- …

Mentor - Für mich war es sehr spannend, den Mentee zu und in seiner ersten Führungsposition zu begleiten. Zum einen habe ich dabei den Beginn meiner eigenen Karriere neu reflektiert und mir einige meiner damaligen Ziele wieder ins Gedächtnis gerufen. Zum anderen konnte ich ihm in einigen ersten schwierigen Führungsfällen helfen, Orientierung geben. Dabei war es mir aber stets wichtig, dass er Entscheidungen am Ende selbst fällte. Diskutiert haben wir die Für und Wider. Das haben wir zu Beginn unseres Tandems auch so für uns definiert.

Mentee - Konkret hatte ich die Erwartung, dass mein Mentor mein Sparringspartner sein sollte. Die ersten Tage als Führungskraft waren für mich nicht leicht, da ich selbst zuvor Mitglied des Teams war, das ich nun führte. Von daher fehlte mir ein Ansprechpartner, mit dem ich über Probleme offen sprechen konnte. Mein Mentor hat mir immer wieder gute Impulse gegeben.

Coaching mit Blick auf die Persönlichkeitsentwicklung

- Welche Feedback-Kultur will das Tandem miteinander pflegen (gebend und nehmend, sachlich, konkret, wertschätzend, offen, zeitnah, …)?
- Wo sieht der Mentee seine eigenen persönlichen Stärken?
- Wo sieht er seine eigenen Entwicklungsfelder?
- Wie beschreibt der Mentee seine Persönlichkeit?
- Zu welcher Person will er sich entwickeln?
- …

Mentor - Ich war überrascht, wie offen der Mentee Feedback von mir zu bestimmten Themen einforderte. Wir hatten zu Beginn vereinbart, dass er mit jedem konkreten Fall zu mir kommen kann. Nach und nach war es auch so, dass ich meinen Mentee immer wieder um seine Einschätzung zu bestimmten Themen aus meinem Berufsleben bat.

Mentee - Ich konnte mich mit meinem Mentor sowohl über berufliche als auch über private Themen sehr gut austauschen. Sein Feedback zu meinen Ideen, Vorstellungen und meinem Verhalten in bestimmten Situationen hat mir sehr geholfen. Da schwang auch immer so etwas wie ein Business Knigge mit. Viele Dinge, wie man sich in bestimmten Situationen verhält, waren mir bis dato unbekannt. Sein Rat hat mir da sehr weitergeholfen, mich in einer neuen Unternehmenskultur schnell zurechtzufinden.

Fachliches Coaching

- Welche konkreten Fälle aus dem Berufsleben will man miteinander besprechen?
- Auf welche fachlichen beruflichen Herausforderungen will man sich vorbereiten (z. B. Bewerbungen)?
- Welche Themen sind für ein fachliches Coaching relevant?
- …

Mentor - Mir war es nach dem Matching sehr wichtig, dass wir miteinander abstecken konnten, welches Wissen, das ich mitbringe, kann dem Mentee wie helfen. Das war auch die erste Hausaufgabe an meinen Mentee, er solle sich überlegen, was er denn alles von mir wissen will, mit Blick auf seine angestrebte Karriere.

Mentee - Bei fachlichen Themen hatten wir gar nicht so einen festen Plan. Ich glaube schon, dass es Sinn machen kann, so einen Plan gemeinsam zu erarbeiten. Aber unser Gesprächsfluss, Rede und Antwort, das ging eigentlich fast immer wie von selbst. Wir hatten auch vereinbart, dass ich mich bei fachlichen Fragen zwischen den Treffen jederzeit telefonisch oder per Email melden kann.

Unterstützung bei Bewerbungen

- Welche konkreten Bewerbungsvorhaben stehen für den Mentee an?
- Wie kann der Mentor bei der Suche nach geeigneten Stellen helfen?
- Ist Feedback zu den Bewerbungsunterlagen erwünscht und wie soll dies konkret gestaltet werden?
- …

Mentor - Ich bat meinen Mentee, er solle seinen aktuellen Lebenslauf und eines seiner letzten Bewerbungsschreiben zum Gespräch mitbringen. Die Unterlagen haben wir dann gemeinsam durchgesprochen. Den CV haben wir einmalig optimiert und ich machte ihm das Angebot, er könne mir vor jeder Bewerbung sein Anschreiben zum Gegenlesen zuschicken.

Mentee - Dass mein Mentor viel Erfahrung mit Recruiting-Prozessen hatte, war ein Glücksfall. Er hat mir sehr geholfen, aus meiner Ratgeber-Standard-Bewerbung eine individuelle und sehr persönliche Bewerbungsmappe zu machen. Zudem hat er mir Mut gemacht, nicht lange zu überlegen. Wenn ich mich in einer Stellenanzeige zu 60 % wiederfinde, solle ich nicht lange überlegen, sondern mich bewerben. Etwas Schlimmeres als eine Absage könne nicht passieren. Mein Mentor hat mir auch sehr dabei geholfen, die schwer verständliche Sprache in den Stellenanzeigen zu entschlüsseln.

3.6.3 Wer fragt, führt gute Gespräche

In einer guten Mentoring-Beziehung spielt das Zuhören eine wichtige, wenn nicht sogar die entscheidende Rolle. Der Mentor sollte als aktiver Zuhörer das Gespräch mit guten Fragen strukturieren und führen. Den größeren Redeanteil sollte stets der Mentee haben. Denn es geht nicht darum, dass der Mentor von seinen Erfahrungen erzählt, sondern wie der Mentee aus den Erfahrungen des Mentors eigene Lösungen ableiten kann. Die folgenden Fragetechniken (zur Vertiefung empfohlen: Wehrle 2016) sind dabei hilfreich:

Hypothetische Fragen: Vom problem- zum lösungsorientierten Denken

Hypothetische Fragen sind in die Zukunft gerichtet und lösen Denkblockaden. Sie sind eine gute Überleitung weg vom problemorientierten hin zum lösungsorientierten Denken. Zwei klassische Fragen aus dem Coaching und aus der sozialen Arbeit sind hier:
- **Die Wunderfrage:** „Nehmen wir an, Ihr Problem hätte sich über Nacht von selbst in Wohlgefallen aufgelöst, was wäre am Folgetag anders? Woran würden Sie merken, dass das Problem gelöst ist?"
- **Die Verschlimmerungsfrage:** „Was müssten Sie tun, damit sich Ihr Problem noch weiter verschlimmert?"

Oft ist gar kein Wunder erforderlich, damit man an die Lösung eines Problems gehen kann. Und wenn man benennen kann, was eine Situation verschlimmert, weiß man oft zugleich, wo man ansetzen kann, um die Situation zu verbessern.

Die Wunderfrage kann im Mentoring eine besondere Kraft entfalten. Sie ist gerade dann besonders wirkungsvoll, wenn der Mentee sich die zukünftige Situation nur schwer vorstellen kann, da sie ihm sehr weit weg erscheint oder er einfach noch kein Wissen dazu hat. Viele gute Erfahrungen haben wir auch mit folgender Frage gemacht:

„Mal angenommen, Sie hätten alle Mittel, Kompetenzen, Erfahrungen, Kontakte und Abschlüsse zu Verfügung die Sie bräuchten, um Ihren Traumjob zu machen, was würden Sie dann gerne machen?"

Je weiter der Ball hier in das Reich der Fantasien geworfen wird, umso besser.

Wir haben darauf schon Antworten wie „Trainer der Fußballnationalmannschaft", „CEO der Firma x", „Entwicklungshelfer" und vieles mehr gehört. Es geht dann im nächsten Schritt gar nicht darum, den Realitätsgehalt der Aussage zu messen, sondern in erster Linie zu verstehen, was genau dieses Bild so attraktiv macht. Oftmals sind dies Dinge, wie etwas gestalten zu können, etwas Sinnvolles zu tun und ähnliche Hintergründe. Sobald klar ist, aus was dieser Mensch also eine Motivation ziehen kann, kann man sich dann auf die Suche machen, in welchen Bereichen (neben dem zuerst genannten Traumjob) dies auch möglich ist. So erhöhen sich dann schlagartig die Alternativen für die Entscheidung, was von enormer Bedeutung ist (siehe dazu auch ▶ Abschn. 3.7).

Zirkuläre Fragen zielen auf das personale und soziale Umfeld des Gefragten

Diese Fragen helfen dem Mentor und dem Mentee dabei, eine andere Perspektive, losgelöst von eigenen Denkmustern einzunehmen.
- **Auswirkungen auf uns:** Wer oder was beeinflusst unser Handeln?
- **Auswirkungen auf andere:** Welche Auswirkungen hat unser Handeln auf Andere?

Im Mentoring bietet es sich an, über die zirkulären Fragen weitere relevante „Stakeholder" ins Gespräch zu bringen und so einmal die unterschiedlichen Betrachtungsweisen der Situation deutlich werden zu lassen. Über die zirkulären Fragen erhält man dann oft seitens des Mentees ganz neue Informationen, die er aus der eigenen Perspektive nicht eingebracht hat. Wen auch immer sie als weitere Person in ihre Fragen einführen, ist dabei ganz ihrer Intuition überlassen. Mögliche Fragenbeispiele sind:

„Was würde denn Ihre beste Freundin/Freund/Eltern/Chef/größter Kritiker/Ihr Schutzengel/ein Feind/usw. zu der Situation sagen?"

Zugang zu Ressourcen freilegen

Kreisen die Gedanken um eine bestimmte Frage, eine bestimmte Krise oder ein bestimmtes Problem, übersehen wir oft die Hilfsmittel, die wir bereits kennen und zur Verfügung haben: Familie, Freunde, Kollegen, Kommilitonen oder Mentoren. Sie alle können unsere Probleme nicht lösen, uns aber bei der Lösung unterstützen.

- Wer sind Ihre Vorbilder?
- Was macht sie zu Ihren Vorbildern und wie würden diese Sie in Ihrem aktuellen Fall unterstützen?
- Wer steht in schwierigen Situationen immer voll hinter Ihnen?
- Wenn Sie bei der Prüfung einen Publikumsjoker hätten, wer wäre das und wie würde er Ihnen helfen?
- Haben Sie schon einmal jemandem in einer vergleichbaren Situation geholfen? Wenn Ihr bester Freund in ähnlicher Lage wäre, was würden Sie ihm raten?

Ergebnis-, Ziel- und Lösungsfragen

Diese sind in erster Linie Fragen zur Motivation und reflektieren den Weg zu einem bestimmten Ziel. Die Möglichkeit eines Scheiterns wird bewusst ausgeblendet und die zukünftige Erfolgssituation als angenommen eingeblendet.

- Auf einer Skala von 1 bis 10, wobei 10 das erreichte Ziel ist, wo stehen Sie gerade?
- Sie sind auf der Skala bei x, was müssen Sie tun, um zu $x+1$ und $x+2$ zu gelangen?
- Sie sind bei x; wenn Sie zurück zum Start schauen, was hat Ihnen bislang am Meisten geholfen, so weit zu kommen? Was davon können Sie auf dem weiteren Weg wiederholen? Was und wie können Sie diese Methode ausbauen?
- Wenn Sie das Ziel erreicht haben, was wollen Sie sich richtig Gutes tun?

Beobachten, Feedback geben, Fragen stellen

Zum guten Gespräch gehört auch, dass man das Gegenüber gut beobachtet. Was fällt Ihnen im Verlauf des Gespräches auf? Wie sind und verändern sich möglicherweise

- Wortwahl
- Stimmmodulation
- Sprechgeschwindigkeit
- Mimik
- Blickkontakt und -richtung
- Gestik und Körperhaltung

Was löst das in Ihnen aus? Welche Fragen ergeben sich für Sie daraus? Sprechen Sie Ihr Gegenüber offen darauf an:

- Beim Wort [...] sind Sie zusammengezuckt/haben geschmunzelt/gezögert/warum? Was hat das bei Ihnen ausgelöst?
- Sie wirken heute viel lockerer als bei unserem letzten Gespräch, was ist geschehen?

3

3.6.4 Auch gute Ratschläge sind zuweilen Schläge

Einer der anspruchsvollsten Momente im Mentoring ist es, wie Mentoren mit ihren eigenen Impulsen und mit ihren eigenen Ideen umgehen können. Natürlich kann ich als Mentor jederzeit meinem Mentee klar sagen, was ich für richtig oder falsch für ihn halte. Dies kann dann jedoch auch leicht einen belehrenden Klang bekommen und die Frage der Akzeptanz meiner Ideen seitens des Mentees ist offen. Nicht nur im Mentoring, sondern auch in Führungsfragen empfiehlt es sich daher, zunächst einmal die Erfahrungs- und Denkwelt des Gegenübers zu verstehen, bevor man einen eigenen Ratschlag gibt.

> **Mentor** - „Wer das Problem hat, hat auch die Lösung" – eine gute Führungskraft ist auch ein guter Coach. Manchmal muss man auch Feedback geben, eine Fremdeinschätzung oder eine Handlungs-Empfehlung. Bei einem eigenen Mentoring hat es mir sehr gutgetan, dass meine Mentorin meine Zweifel aufgefangen hat mit der direkten Ansage: „Ich sehe Sie ganz klar im Bereich X, da können Sie Ihre Stärken am besten ausleben". Aber generell ist es die nachhaltigste Vorgehensweise, einen Schützling selbst auf seine Entscheidungen kommen zu lassen. Dieses „führende Fragen" kann man beim Mentoring üben – als Führungskraft braucht man es auf jeden Fall.

Aus diesem Zitat wird auch deutlich, dass eine klare Rückmeldung durchaus sinnvoll und wichtig sein kann. Sie sollte aber dabei stets lediglich als eigene Einschätzung gekennzeichnet werden und nicht als einzige Wahrheit.

An dieser Stelle wird es für Mentoren besonders interessant. Viele Mentoren, die wir kennen, haben auch eigene Führungserfahrung und oftmals verhalten sich Mentoren in deren Mentoren-Rolle ähnlich wie in ihrer Führungsrolle. Neigen sie dort zu schnellen Ratschlägen, tun sie dies auch im Mentoring. Hier kann eine unglaubliche persönliche Lernerfahrung für Mentoren liegen, wenn sie es in der Rolle als Mentor einfach einmal ausprobieren, sich etwas mehr zurückzunehmen. So stellen sie sicher, dass der Mentee mehr zur Problemlösung beiträgt, die Verantwortung für die Lösungsfindung nicht an den Mentor abgibt und damit Lösungen gefunden werden, die in die Denk- und Erfahrungswelt des Mentees passen. Damit profitiert der Mentee in doppelter Hinsicht. Durch das Mentoring hat er zum einen eine Antwort auf seine konkrete Frage erhalten und zum anderen hat er sich eine erweiterte Problemlösungskompetenz aufgebaut.

Je schwerer sich der Mentee dabei tut, konkrete Ideen zu entwickeln und je mehr er den Mentor nach Rat fragt, umso schwieriger ist es, die eher coachende Position des Mentors aufrecht zu erhalten.

Wie dies dennoch gelingen kann, schildert folgendes Vorgehen eines Mentors sehr gut.

> **Mentor** - Mein Mentee sagte zu mir, ich hab' echt keine Ahnung, wie ich das Problem lösen kann, sagen Sie mir es doch. Ich antwortete ihm nur: womöglich habe ich eine Idee, wie Du Dein Problem lösen kannst, aber ich bin davon überzeugt, dass es gut ist, wenn Du Dir dazu selber ein paar Gedanken machst. Was müsstest Du denn tun, um eine Ahnung zu bekommen? Du hast ja in der Vergangenheit auch schon knifflige Situationen gelöst, wie bist Du denn da vorgegangen? Nach einer kurzen Denkpause und im Verständnis, dass ich da jetzt als Mentor nicht gleich einen Rat geben werde, war mein Mentee dann wesentlich aktiver im Gespräch und kam mit guten Ideen daher.

Missverständnisse in der Kommunikation

Gerade beim Thema Ratschläge und Hilfestellung spielen im Mentoring sprachliche Feinheiten ebenfalls eine zentrale Rolle. Wie genau drücke ich das aus, was ich dem Mentee mitgeben will, welche Worte und welche Art der Kommunikation wähle ich, um ihm wirklich eine Unterstützung sein zu können? Als Mentor muss man kein Kommunikationsspezialist sein, aber es ist wichtig, sich bestimmter Mechanismen in der Sprache zumindest bewusst zu werden und darauf zu reagieren. Wir haben Ihnen daher in der Folge einige Beispiele aus der Praxis aufgelistet.

Mit dem aus dem Neurolinguistischen Programmieren (O'Connor et al. 2015) stammenden Metamodell der Sprache lassen sich Missverständnisse in der Kommunikation vermeiden oder auflösen. Wenn Menschen anderen Menschen Probleme schildern oder scheinbar selbstverständliche Lösungen anbieten, neigen Sie häufig zu Tilgungen, Generalisierungen und/oder Verzerrungen: Wichtige Informationen, die der Lösung des Problems dienen, werden weggelassen, Einzelfälle werden verallgemeinert und Sachverhalte werden verzerrt dargestellt oder verstanden.

Mentee - Mein Mentor hat mein geisteswissenschaftliches Studium schlecht gemacht.

Mentor - Ich kann mich an ein Gespräch mit meinem Mentee erinnern. Er studierte ein geisteswissenschaftliches Fach und sein Traum war es, Führungskraft in der Medienbranche zu werden. Ich wollte ihn bewusst ein wenig provozieren und fragte, ob er denn glaube, dass er dafür das richtige Studienfach gewählt habe. Selbstverständlich kann man als Geisteswissenschaftler Führungskraft werden. Vielleicht muss man aber an der einen oder anderen Stelle etwas mehr investieren, um dieses Ziel zu erreichen. An seinem Gesichtsausdruck aber habe ich gemerkt, dass er das als grundsätzliche Kritik an seinem Fach verstand.

Tilgungen

Eigentlich sind Tilgungen in der Kommunikation etwas ganz Normales. Man kann seinem Gegenüber niemals wirklich alles erzählen. Man muss es auch nicht, denn man darf bestimmte Sachverhalte beim Gesprächspartner durchaus als bekannt voraussetzen. Problematisch wird es, wenn man Dinge als bekannt voraussetzt, die es beim Anderen eben nicht sind, aber dennoch für das Verständnis einer Situation wesentlich werden können. Mit Blick auf den Alters- und Wissensvorsprung des Mentors ist hier besondere Aufmerksamkeit geboten.

Mentor - Ich musste mich erst daran gewöhnen. Mein Mentee war neu in der Branche und ich mit 25 Jahren Berufserfahrung ein alter Hase. Man legt sich in dieser Zeit eine branchenspezifische Geheimsprache zurecht, die für einen Neuling nur schwer zu entschlüsseln ist. Und dabei soll doch gerade das Mentoring helfen, leichter einzusteigen. Auf der anderen Seite fängt man vernünftigerweise auch mal an, dieses Unternehmenssprech zu hinterfragen.

Mentee - Von der Erfahrung und dem Wissen meines Mentors war ich sehr beeindruckt. Ich war daher anfangs gehemmt nachzufragen, wenn ich etwas nicht verstanden habe. Ich wollte nicht als blöd oder naiv dastehen. Irgendwann aber hat er es gemerkt und mir angeboten, immer zu fragen, denn der Klassiker, es gäbe keine dummen Fragen, hat nach wie vor seine Berechtigung.

Generalisierungen

Auch Verallgemeinerungen haben ihren berechtigten Platz in der Kommunikation. Bestimmte kausale Zusammenhänge kommen in unserem Leben immer wieder vor und das Übertragen von bekannten Mustern auf neue Situationen ist meist eine hilfreiche Strategie, um sich schnell an Veränderungen und Neues anzupassen. Ins Negative kehrt sich diese Strategie allerdings, wenn sie in Pauschalisierungen und Vorurteile mündet.

3

Mentor - Als Jurist wird man während des Studiums auf gute Noten hin konditioniert. Entsprechend neigt man dann auch später dazu, die Welt in gute und schlechte Noten einzuteilen. Das ist einfach und in gefährlicher Weise verführerisch. In meiner Arbeit als Personaler habe ich dieses Denken dann schnell abgelegt, ablegen müssen. Mein erleuchtendes Beispiel war einer meiner ersten Mentees. Er ist gerade so durchs Jurastudium gekommen. Auf den zweiten Blick dann sehe ich, dass Deutsch nicht seine Muttersprache ist, er neben Französisch drei weitere Sprachen sehr gut spricht, während seines ganzen Studiums im In- und Ausland gearbeitet hat, um eine Familie zu ernähren. Ein Narr ist, wer diesen Menschen nach seinen Examensnoten beurteilt.

Mentee - Mein Mentor ist blind. Das war beim ersten Treffen sofort klar. Ich zähle mich zu den aufgeklärten Menschen und umso mehr war ich schockiert, welche Denkprozesse in mir quasi automatisch anliefen. Ist er wirklich ein guter Mentor mit seiner Behinderung? Und ich war erschrocken, dass mich das erste Gespräch Überwindung kostete. Heute bin ich sehr froh, dass sich meine vernünftige Seite durchgesetzt hat. Er war ein hervorragender Mentor, der mir viele Kontakte und nach einigen Monaten auch einen neuen Job vermittelt hat. Durch das Mentoring habe ich so nicht nur in meiner Karriere, sondern auch in meinem Leben profitiert.

Verzerrungen

Kommunikation ist immer eine subjektive Angelegenheit. Gehörtes und Gesagtes wird stets im Lichte unserer eigenen, ganz persönlichen Sicht der Welt interpretiert. Wenn dann unsere Gedankenwelt auf die eines anderen Menschen trifft, sind kleine und manchmal große Missverständnisse vorprogrammiert. Im Mentoring ist es daher immer besonders wichtig, die Offenheit für andere Weltbilder zu bewahren.

Mentor - Am Anfang meiner Karriere war ich extrem ehrgeizig. Ich wollte nur nach oben, nach oben, nach oben. Die 60 Stunden-Woche war das Maß und oft habe ich auf Menschen herabgeblickt, die auf Ihre 40 h achteten. ‚Nine to Five‘ ist nach wie vor nicht so ganz meine Welt, aber für die 60 h habe ich vor einigen Jahren viel gesundheitliches Lehrgeld bezahlt. So etwas wie Achtsamkeit musste ich erst lernen. Und heute achte ich nicht nur auf mich mehr, sondern ich achte auch Menschen, die auf eine Work-Life-Balance achten.

Mentee - Ich will Karriere machen. Es ist mir egal, wie viel ich dafür arbeiten muss. Mit einer 40 Stunden Woche kann ich nichts anfangen. Damit macht man keine Karriere, kommt nicht weiter.

Mentee - Ich weiß, der Begriff der ‚Work-Life-Balance‘ wird in meiner Generation etwas überstrapaziert. Aber mir ist das wichtig. Ich will einen Job, bei dem ich mich verwirklichen kann, in einem von mir abgesteckten Rahmen. Reich und mächtig zu werden, ist nicht meine Agenda. Ich will ein vernünftiges Berufsleben. Mit mangelnder Motivation hat das für mich nichts zu tun.

Kommunikationsfallen und klärende Fragen

Im Folgenden finden Sie einige weitere Beispiele für klassische Kommunikationsfallen aus der Mentoring-Praxis und Vorschläge für klärende Fragen, die man dem Gegenüber oder auch sich selbst stellen kann, um das Gespräch und die Gedanken wieder zu öffnen.

Unvollständige Aussagen

Wichtige Informationen fehlen und werden mit inhaltlichen Füllwörtern wie „meistens", „keine", „immer", „nie" ersetzt. Beteiligte Personen und Organisationen werden nicht konkret genannt.

„In den **meisten** Abteilungen gibt es aktuell **keine** wirklichen Aufstiegschancen mehr."

- Welche Abteilungen meinen Sie genau?
- Warum gibt es dort keine Aufstiegschancen mehr?
- Wer oder was verhindert Aufstiegschancen?

Unvollständige Vergleiche

Für einen wirklichen Vergleich mit anderen Personen, Gruppen oder Organisationen fehlt die Basis des Vergleichs.

„Meine Führungskraft **schätzt** meine Leistungen **falsch ein.**"
- Um welche Leistungen geht es?
- Wann, in welchen Kontexten werden Sie falsch eingeschätzt?
- Was bedeutet falsch?
- Falsch im Vergleich zu wem oder was?

Vermeintlich selbstverständliche Bewertungen

Themen, Personen und/oder Gruppen werden ohne Begründung der Bewertung eingeschätzt. Floskeln ersetzen die argumentative Begründung.

„**Es ist doch ganz offensichtlich,** dass er keine **gute Führungskraft** für mich ist."
- Wer sagt, dass er keine gute Führungskraft ist?
- Woran genau machen Sie das fest?
- Was zeichnet eine gute Führungskraft aus?

Die Macht der Substantive

Indem man komplexe Situationen, Handlungen und Beschreibungen substantiviert, werden sie zu „großen" Objekten. Probleme scheinen damit größer, als sie es möglicherweise sind.

„Ich brauche da einfach mehr **Unterstützung.**"
- Wie genau kann ich Sie dabei unterstützen?
- Wie werden Sie derzeit unterstützt?
- Welche Personen könnten Sie unterstützen?
- Wie konkret würden Sie sich gut unterstützt fühlen?

Die scheinbar fehlende Alternative oder Möglichkeit

Ein Problem wird von vornherein als ausweglos konstatiert.

„Ich **kann** mich einfach **nicht** entspannen."
- Was passiert, wenn Sie sich dennoch einfach mal hinsetzen und nichts tun?
- Wer oder was hält Sie davon ab, sich zu entspannen?

Diffusion der Verantwortung

Anstatt Personen und Sachverhalte beim Namen zu nennen, werden Füllwörter wie „man", „wir" oder „die" eingesetzt.

„Da mischt **man** sich besser gar nicht erst ein."
- Was geschieht, wenn Sie sich einmischen?
- Wer sagt, dass Sie sich nicht einmischen können?
- Wer ist ‚man'?

Sich selbst erfüllende Prophezeiungen, Glaubenssätze

In vielen Fällen versperrt die eigene Einstellung den Weg zu einer Lösung für ein Problem. Wenn man nicht an das Vorhandensein einer Lösung glaubt, wird man sich auch nicht auf die Suche nach einer solchen begeben.

3

„**Keiner** meiner neuen Kollegen kann mich **leiden.**"
– Wirklich keiner? Woran machen Sie das fest? Gab es nicht auch Anzeichen, dass Sie jemand doch als Kollege schätzt?
– Gibt es jemanden im Unternehmen, der Sie gut leiden kann? Woran merken Sie das?
– Mit Blick auf Ihre Arbeit, um was außer „gut leiden" könnte es denn in erster Linie gehen?

Falsche Zusammenhänge, Schlüsse und Gedankenlesen

Unsere Umwelt interpretieren wir stets im Kontext unserer eigenen, meist präsenten oder akuten Erlebnisse und Erfahrungen. Das kann dazu führen, dass wir das Handeln anderer falsch verstehen, weil wir es im Lichte eines unpassenden Kontextes sehen. Immer wieder passiert es, dass wir in diesem Zusammenhang versuchen, Gedanken zu lesen und dabei unsere Gedanken fälschlicherweise zu denen unseres Gegenübers machen.

„Meine Leistung scheint nicht ausreichend zu sein. In den letzten Entwicklungs-runden wurde ich von meinem Chef übergangen."
– Wer sagt Ihnen, dass Ihre Leistungen nicht ausreichend sind?
– Welche Gründe fallen Ihnen noch ein, warum es mit einer Beförderung nicht geklappt hat?
– Wie könnten Sie Ihren Chef von Ihren Leistungen überzeugen?

3.7 Entscheidungsprozesse begleiten

Mentoring hat in den meisten Fällen einen klaren, auf den Beruf oder die Karriere aus-gerichteten Fokus. Darum drehen sich in der Regel auch die Themen, die in den Prozess eingebracht werden. Natürlich ist es illusionär, einen Menschen als reinen Rollenträger zu betrachten, der ein privates Ich, ein berufliches Ich und ein Beziehungs-Ich hat. Bekanntermaßen nehmen wir Themen aus dem Beruf auch mit in das Private und Ent-scheidungen bezüglich des Berufes sind oft stark von privaten Faktoren beeinflusst. Inwiefern die unterschiedlichen Rollen und Lebenswelten im Mentoring Platz haben dürfen, entscheidet in erster Linie der Mentee. Will er sich öffnen und auch darstellen, welche persönlichen, privaten oder familiären Einflüsse es auf die zu treffende Ent-scheidung gibt? Natürlich bestimmt auch der Mentor das Maß an Offenheit mit. Wel-che Atmosphäre erzeugt er, wie viel Vertraulichkeit entsteht und gibt auch er etwas von sich selbst preis oder möchte er sich im Mentoring auf rein berufliche Fragestellungen und Tipps fokussieren? Beides ist legitim, wichtig ist dabei nur, dass die Wünsche und Vorstellungen zwischen Mentee und Mentor synchron und idealerweise geteilt sind. So kennen wir Mentoring-Duos, in denen sehr viel Vertrauen entsteht und damit all die verschiedenen Rollen des Menschen Platz haben und wir erleben ebenso erfolgreiche Tandems, die sich stark auf den beruflichen Fokus konzentrieren.

Wenn man den Mentoring-Bedarf von Mentees auf ein Thema reduzieren müsste, dann wäre es sicherlich das Thema der Entscheidungen. Trägt die Arbeit des Mentors dazu bei, dass der Mentee eine für ihn wichtige Entscheidung gut treffen kann, dann hat er ihm einen wertvollen Dienst erwiesen.

3.7.1 Neue Optionen eröffnen

Uns sind zahlreiche Situationen bekannt, bei denen Mentees wahrhaft gerührt darüber waren, wie hilfreich das Mentoring bezüglich Entscheidungsfindungen für sie war. Wir müssen allerdings auch sagen, dass wir einige Fälle kennen, bei denen sich die Mentees gerade an dieser Stelle nicht gut von ihrem Mentor begleitet fühlten, da dieser teils sehr anweisend, sehr „pushy" oder eher von oben herab agierte. Dabei fühlten sich die Mentees nicht wirklich abgeholt, wollten dann teils ihre Frage in der Tiefe nicht mehr mit dem Mentor besprechen oder kamen zu nicht zufriedenstellenden Ergebnissen.

Zweifelsohne ist es nicht immer leicht, sich als Mentor an dieser Stelle mit der eigenen Sichtweise zurückzuhalten und dem Mentee bei der Findung seiner eigenen Entscheidung zu helfen.

Mentor - Es ist immer wieder schwierig, immer wieder nicht zu viel von seinen eigenen Ideen und Meinungen einfließen zu lassen – sondern den Mentee selbst finden lassen, was der für ihn richtige Weg ist.

Unsere Erfahrung zeigt hier, dass es bei der Vorbereitung von Mentoren auf ihre Rolle besonders hilfreich ist, diese mit ein paar theoretischen Prinzipien zur Entscheidungsfindung vertraut zu machen. Von diesen Erkenntnissen profitieren sie nicht nur in ihrer Rolle als Mentor, sondern auch für sich selbst und ihren eigenen (Führungs-)Rollen.

Daher wollen wir Ihnen an dieser Stelle ein paar abstrakte Gedanken darstellen, die wiederum zu enorm praktischen Ergebnissen führen können. Diese Gedanken fußen auf unseren Erfahrungen als Mentoren und Mentoren-Ausbilder und auf wichtigen Schriften, die Niklas Luhmann verfasst hat und die für die konkrete Anwendbarkeit in Beratung und Coaching auf wunderbare Art und Weise von Klaus Eidenschink auf dem Webportal ▶ www.metatheorie-der-veraenderung dargestellt sind.

Schauen wir uns zunächst an, wie Mentoren ihre Entscheidungen konstruieren und nicht, was sie zu entscheiden haben. In dieser Unterscheidung liegt bereits ein ganz wichtiger Hebel für Mentoring. Oftmals wird im Mentoring (wie auch im Coaching oder im Führungsalltag) das, was zu entscheiden ist, quasi als fest und unveränderbar gegeben angesehen.

Mentoren rufen an dieser Stelle dann oft ihren gesamten Werkzeugkasten von Projektmanagement,- Priorisierungs- und Führungstools auf und helfen dem Mentee dabei, die Alternativen zu gewichten, zu priorisieren und dann, nachdem klar ist, welche Alternative die sinnvollere zu sein scheint, diese auch mit konkreten Meilensteinen voranzutreiben. Leider ist dann manchmal die Enttäuschung groß, wenn sich beim nächsten Treffen herausstellt, dass die geplanten Maßnahmen entweder mit wenig Elan oder auch gar nicht weiterverfolgt worden sind.

Dies geht dann wiederum mit Frustrationserlebnissen der Mentoren einher, die ihre Wirksamkeit als Mentor eben oftmals an konkret erarbeiteten Meilensteinen und action plans messen.

Um hier nachhaltiger und letztlich auch schneller zu einer guten Entscheidung zu kommen, ist es daher ratsam, genau an dieser Stelle einen Gang zurück zu schalten und zunächst einmal die Entscheidungskonstruktion genauer zu betrachten. Dazu möchte ich ein paar Beispiele aus unserer Mentoring-Praxis aufgreifen.

3

In Mentoring-Programmen mit jungen Akademikern begegneten mir häufig Fragen dieser Art:

— Soll ich in die Beratung oder in ein Unternehmen gehen?
— Soll ich nach meinem Abschluss in die Wirtschaft gehen oder noch eine Promotion draufsetzen?
— Soll ich noch ein Auslandssemester einbauen oder mein Studium schnell abschließen?

Nun wäre es ein Leichtes, jeweils die Vor- und Nachteile abzuwägen, zu einer Entscheidung zu kommen und dann zu überlegen, wie man die gewählte Alternative realisieren kann.

Viel interessanter ist es jedoch zunächst einmal zu verstehen, warum genau diese Alternativen zur Entscheidung herangezogen werden und was sich dahinter verbirgt.

Greifen wir hierzu folgendes Beispiel nochmals auf:

Soll ich in die Beratung oder in ein Unternehmen gehen?

In dem Gespräch mit dem Mentee ging es mir zunächst darum zu verstehen, was sie denn mit den Begriffen „Beratung" und „Unternehmen" verbindet. Denn dies ist keineswegs klar.

Je weiter die Zielwelt eines Mentees von seiner derzeitigen Welt entfernt ist, umso diffuser sind oft die Vorstellungen dazu. Die Begriffe erscheinen dann wie ein monolithischer Block, bei dem man eigentlich selbst nicht so genau weiß, was sich dahinter verbirgt. In diesem Gespräch wurde schnell deutlich, dass mit „Beratung" konzeptionelles und analytisches Arbeiten an sich immer wieder veränderten Themen gleichgesetzt wurde, während „Unternehmen" mit dem Abarbeiten von regelmäßig gleich wiederkehrenden Aufgaben ohne große Veränderung gleichgesetzt wurde. Das mag es auch geben, die meisten Menschen in Unternehmen haben aber derzeit eher ein anderes Empfinden ihres Arbeitsablaufs und würden sich nach solchen Routinen bei all den laufenden Veränderungen oftmals eher sehnen.

Im Mentoring-Gespräch wurde deutlich, dass dem Mentee konzeptionelles und analytisches Arbeiten sehr viel Freude bereitet. Damit wandelte sich die entweder/oder-Frage Beratung versus Unternehmen recht bald in eine andere Richtung: In welchen Berufen oder bei welchen Aufgaben ist es wahrscheinlicher, dass ich konzeptionell und analytisch arbeiten kann? Es galt also dann, im Moment erst einmal noch gar nichts zu entscheiden, sondern zunächst einmal neue Alternativen zu finden. Dies eröffnete völlig neue Möglichkeiten, was der Mentee als sehr befreiend empfand. So wie die Frage eingangs gestellt war, hätte es auch keine sinnvolle Wahl für eine der beiden Alternativen gegeben. Das war dem Mentee zumindest unbewusst klar und daraus resultierte auch eine gewisse innere Anspannung.

Ein guter Mentor sollte also neugierig und wertschätzend prüfen, ob die vermeintliche Entscheidung so überhaupt entscheidbar konstruiert ist.

3.7.2 Emotionale Unterstützung bei wichtigen Entscheidungen

Jeder von uns weiß, wie belastend es sein kann, wenn man sich für (und damit auch gegen) etwas entscheiden muss, was einem wichtig ist.

Es gibt Menschen, denen fällt dies sehr leicht, weil sie schnell Klarheit für sich haben, was sich für sie gut und richtig anfühlt oder was für sie das Richtige oder das Falsche ist. Das sind oft auch Menschen, die im Zweifel Entscheidungen auch schnell revidieren und einen anderen Weg einschlagen können. Dies ist jedoch nicht jedermanns Sache und daher wundert es nicht, dass manche das Gefühl eines inneren Drucks oder einer Zerrissenheit verspüren, wenn es um wichtige Entscheidungen geht. Oftmals versuchen dann Menschen, diese möglichst lange hinauszuschieben.

Der Mentor ist frei von Eigeninteresse

Gerade im Umgang mit so einer belastenden Situation kann Mentoring einen erheblichen Beitrag leisten. Der Mentor kann sich Zeit nehmen und verfolgt in der Regel keinerlei Eigeninteresse bei der Entscheidung. Die meisten anderen Menschen, die der Mentee befragt, haben durchaus auch (legitime) Eigeninteressen, die sie in ihren Unterstützungsansätzen beeinflussen. So wollen zum Beispiel Eltern, dass sich das Kind für das aus deren Perspektive „Richtige" entscheidet, der Vorgesetzte hat oftmals ein Interesse an einer Entscheidung in eine bestimmte Richtung und auch der Partner hat eigene Interessen am Ausgang einer Entscheidung, da auch er häufig von dieser zumindest mit betroffen ist.

Der Mentor als „offenes Ohr"

Mentoring kann bei Entscheidungsprozessen schon dadurch einen sehr wertvollen Beitrag leisten, dass man beim Mentor im ersten Schritt all diese Eindrücke abladen kann und so den Kopf wieder freibekommt, um sich dann wieder in Ruhe der *eigenen* Entscheidung zuzuwenden.

Der Mentor hat ähnliche Erfahrungen gemacht

Es hilft Mentees oftmals enorm, wenn der Mentor davon erzählt, wie schwer auch ihm selbst manche Entscheidungen gefallen sind und wie lange er mit diesen gerungen hat.

> ❯ Nicht die zu entscheidenden Alternativen machen es schwer, sondern die Entscheidung selbst!

Unsere Erfahrung zeigt, dass Mentees mit der emotional belastenden Situation besser umgehen können, wenn sie rational etwas zu Entscheidungen verstanden haben. So vermitteln wir Mentees immer wieder, dass die Schwierigkeit, sich gerade nicht entscheiden zu können, für die Qualität der beiden Alternativen spricht. Eine Entscheidung ist nur dann schwer und es gibt nur wirklich dann etwas zu entscheiden, wenn beide Alternativen nahezu gleich attraktiv sind. Wäre eine der beiden Alternativen deutlich unattraktiver als die andere, dann würde die Entscheidung nicht sonderlich schwerfallen, aber es gäbe auch nicht wirklich etwas zu entscheiden. Damit weiß man, dass man eine Menge Vorteile der nicht gewählten Alternative verliert, wenn man sich für die andere Alternative entscheidet. Dass dies zu einem inneren Druck, zu einer Anspannung und dem Gefühl von Hin und Hergerissen sein führt, ist damit jeder Entscheidung immanent. Haben Mentees dies verstanden, erleben wir oft eine erhebliche Erleichterung, die sich in Sätzen wie: „Ach so, das tut gut das zu hören, ich dachte schon, ich bin der Einzige, der sich so anstellt, das beruhigt mich jetzt" mündet.

Fassen wir also zusammen: ein Mentor hilft dem Mentee bei Entscheidungsprozessen dann besonders, wenn er ihm einen wirklich neuen Blickwinkel auf die bevorstehende Entscheidung ermöglicht.

Dies gelingt besonders gut, wenn der Mentor
- nicht zu schnell die vom Mentee zur Frage stehenden Alternativen als die einzig möglichen übernimmt
- wirklich begreift, was der Mentee unter der jeweiligen Alternative versteht und auf Basis welcher Erfahrungen er zu dem Bild kommt
- einen guten Rapport zum Mentee aufbaut, indem er von eigenen anspruchsvollen Entscheidungssituationen berichtet und vermittelt, dass die Schwierigkeit, sich entscheiden zu müssen, genau für die Qualität der Alternativen spricht und ein normales Ringen im Entscheidungsprozess darstellt
- aus einer neutralen Instanz heraus dem Mentee schließlich durch eine distanziertere und strukturierte Herangehensweise hilft, weitere Alternativen zu finden oder die zur Wahl stehenden Alternativen zu bewerten

3.7.3 In Krisen unterstützen und Grenzen erkennen

Abgesehen von schwierigen Entscheidungs-Prozessen können auch Krisen ein wichtiger Bestandteil des Mentoring sein. Selbst in diesen kann der Mentor oft eine wertvolle Stütze sein.
- Nicht bestandene Prüfungen

Mentor - Eine nichtbestandene Prüfung hat meinen Mentee ziemlich mitgenommen. Da war es an mir, ihm nicht nur Mut zu machen, sondern gemeinsam mit ihm zu analysieren, was da schief gegangen ist und was man, z. B. mit einer besseren Lernstrategie das nächste Mal anders machen kann. Auf jeden Fall war es auch wichtig, ihm Mut zu machen, dass er gleich zum nächsten Versuch wieder antritt.

- Eine Bewerbungsabsage

Mentor - Ein wenig musste ich da schmunzeln, weil ich diese Situation auch schon mehrmals erlebt habe. Da ist eine Stelle ausgeschrieben, auf die man vermeintlich perfekt passt und dann erhält man doch eine Absage. Das ist natürlich frustrierend. Ich denke, als ich das erzählte, konnte ich meinem Mentee etwas Druck von den Schultern nehmen und ich habe ihm gesagt, er solle gleich die nächste Bewerbung schreiben. Die nächste passende Stelle kommt bestimmt.

- Beförderung eines Kollegen statt des Mentees

Mentor - Drei in der Entwicklungsrunde und nur eine Stelle zu besetzen. Da gibt es dann einen Sieger und zwei Verlierer. Ich habe mich danach gleich mit meinem Mentee getroffen, um mit ihm die Erlebnisse der Entwicklungsrunde aufzuarbeiten, um dann auch gleich wieder den Blick nach vorne zu richten. Wir haben uns dann angesehen, welche alternativen Wege er einschlagen kann und wurden auch schnell fündig.

- Konflikte mit der Führungskraft

Mentor - Der Konflikt des Mentees mit seiner Führungskraft war auch für mich ein heißes Eisen. Schließlich war seine Führungskraft auch ein Kollege und ein Bekannter von mir. Das war ein ganz schöner Rollenkonflikt und auch ich habe als Mentor viel daraus gelernt. Ich habe das meinem Mentee gegenüber auch klar angesprochen, dass es diesen Konflikt gibt und wir mit seinem externen und meinem internen Konflikt sehr sorgfältig umgehen müssen. Es ist uns dann auch gut gelungen, Themen und

Personen voneinander zu trennen, indem wir uns im Dialog bemüht haben, das Ganze von außen zu sehen, nach dem Motto, was würden wir tun, wenn wir ein anderes Tandem in einer solchen Situation beraten müssten.

Allerdings sind uns auch Fälle bekannt, wo entweder aufgrund der entstandenen hohen Vertraulichkeit oder dadurch, dass die Mentees das angebotene Programm eher als Notanker gesehen haben, Themen auf dem Tisch kamen, die in einem Mentoring nicht zu bearbeiten oder zu lösen sind. Dies kommt selten vor, aber es passiert, so wie es im Führungsalltag ebenfalls teils äußert anspruchsvolle Situationen im Leben der Mitarbeiter gibt.

Diese Fälle sind die Ausnahmen im Mentoring. Da wir Ihnen aber einen Kompass für die vielfältigsten Situationen an die Hand geben wollen, gehen wir auch auf diese hier kurz ein.

Die folgenden Probleme sprengen die Grenzen des Mentoring und gehören in professionelle Hände:

- Psychische Probleme oder Krankheiten der Mentees
- Familiäre Probleme oder sehr leidvolle Erinnerungen an das eigene Elternhaus
- Extremer Erwartungsdruck der Eltern oder des Partners an die eigene Karriere
- Abmahnung oder Kündigung
- Suchtproblematiken
- Strafrechtlich relevante Probleme

In diesen Fällen empfehlen wir den Mentoren, sich vertrauensvoll an die jeweiligen Ansprechpartner des Programmes zu wenden, um dort Unterstützung zu erhalten. In der Regel verfügen diese über die notwendigen Informationen, an wen man sich diesbezüglich im Unternehmen oder in der Organisation wenden kann. Begegnen Führungskräfte solchen Fragen in ihrer Führungsrolle, so steht ihnen die interne HR-Abteilung oder die hausinterne Sozialberatung (diese Funktion mag in Unternehmen unterschiedlich bezeichnet werden) zur Verfügung. Diese kann man in der Regel im ersten Schritt, ohne den Namen der betroffenen Person zu nennen, um Rat fragen.

Wichtig ist, dass man nicht versucht, die oben genannten Themen im Mentoring zu lösen. Dies übersteigt in der Regel die Kompetenzen der Mentoren und ist auch nicht Teil ihrer Rolle. Selbst wenn Mentoren qua Profession diese Themen bearbeiten könnten, liefe das nicht mehr unter Mentoring, sondern bräuchte einen anderen Rahmen, der eindeutig vorher mit dem Mentee zu klären wäre. Sehr wohl Teil des Mentoring ist es jedoch, dass man dem Mentee empathisch widerspiegelt, als wie bedeutsam man die Situation wahrnimmt und dass man ihm empfiehlt, professionelle Hilfe in Anspruch zu nehmen. Ein letzter Part des Mentoring kann es dann noch sein, gemeinsam zu prüfen, an wen man sich wenden kann.

3.8 Ein Tandem auf Augenhöhe

Wie bereits an einigen Stellen angesprochen, liegen zwischen Mentor und Mentee in der Regel mehrere Jahre an Berufs- und Lebenserfahrung. Die Kunst des Mentorings ist es daher, gleichermaßen eine Beziehung auf Augenhöhe mit dem Mentee zu gestalten und als Mentor die eigenen Führungs- und Beratungsqualitäten in das Tandem einzubringen. Das folgende Kapitel wird hierzu einige Impulse geben.

3

3.8.1 Was erwarten Mentees?

Die Erwartungen der Mentees und deren Nutzen hängen natürlich stark von der Anlage und dem Zweck des Programmes ab. Mit Blick auf die Implementierung in Unternehmen und Organisationen wird es in erster Linie wohl immer um Themen der Karriere und/oder der Persönlichkeitsentwicklung gehen.

3.8.2 Der Mentor als besonderer Ansprechpartner

Mentees berichten häufig, dass Ihnen das Mentoring ganz allgemein sehr gut getan hat. In dem Mentor hat man einen Ansprechpartner, mit dem man persönliche und berufliche Themen teils offener diskutieren kann, als es oft mit Freunden, Familie, Führungskraft oder Kollegen möglich ist.

Mentee - Zunächst geht es um das gute Gefühl, jemanden zu haben, mit dem man sich ungezwungen austauschen kann. Mir tun die Gespräche an sich gut. Es gibt berufliche Themen, die ich mit meinem Mentor am besten besprechen kann. Wenn es zum Beispiel um kritische Themen geht, die ich mit meiner direkten Führungskraft nicht besprechen möchte, wende ich mich an ihn. Er ist da unbefangener als meine Kollegen, aber mehr am Thema dran, als es Freunde sein können.

3.8.3 Die Kommunikation optimal gestalten

Damit der Mentor einen solch besonderen Ansprechpartner darstellen kann und beide auch wirklich auf Augenhöhe miteinander interagieren, ist es von zentraler Bedeutung, wie die Kommunikation im Tandem gestaltet wird.

Eine Begegnung unter Erwachsenen

Mentor und Mentee begegnen sich immer als Erwachsene. Das klingt im ersten Moment selbstverständlich. Dennoch sollte man sich dies immer wieder bewusst machen, um Übertragungsfantasien nach Beziehungsmustern Vater/Mutter zu Sohn/Tochter zu vermeiden oder zumindest rechtzeitig gegensteuern zu können.

Mentor - In den Gesprächen mit meinem noch recht jungen Mentee gab es immer wieder Parallelen zu den Gesprächen mit meiner eigenen Tochter. Diese Parallelen können natürlich hilfreich sein, um nach beiden Seiten etwas zu lernen. Aber es kann sich auch bedenklich entwickeln, da beim Mentee ganz klar die professionelle Seite im Vordergrund zu stehen hat. Hier als Vater- oder Mutterfigur aufzutreten wäre höchst anmaßend.

Mentee - Mein Mentor ist für mich eine Respektsperson. Ich selbst komme aus einer Nicht-Akademiker Familie und werde der erste Akademiker sein. Mein Mentor hat mir bei vielen Themen geholfen, bei denen mir meine eigene Familie nicht helfen konnte. Gerade deshalb war es ihm auch wichtig, in einem der ersten Gespräche zu definieren, wie er seine Rolle mir gegenüber auch mit Blick auf meine Familie sieht. Ich glaube ein gewisses Maß an väterlichem oder mütterlichem Rat lässt sich nicht vermeiden. Aber ich fand es sehr gut, dass wir das definiert und uns bewusst gemacht haben.

Setting des Austauschs

Der Ort der Mentoring-Treffen spielt eine sehr wichtige Rolle. Während Treffen im Unternehmen oder im Büro den formellen Charakter einer Beziehung unterstreichen, setzt ein Treffen im Café oder Restaurant mehr informelle Akzente. Das Setting darf im Laufe des Mentoring-Prozesses auch gerne variieren und muss nicht immer im selben Rahmen stattfinden. Letzten Endes sollten sich beide Seiten für jedes Treffen auf einen Ort verständigen, an dem sie sich wohl fühlen. Von Treffen in den privaten Räumen eines der Beteiligten ist grundsätzlich eher abzuraten.

Mentor - Wir treffen uns an verschiedenen Orten, je nachdem, was besser passt. Zu Beginn sind wir in ein Café gegangen. Aus meiner Sicht war das gut, um das erste formelle Eis beim Kennenlernen zu brechen. Als wir dann nach und nach ein gut eingespieltes Team waren, haben wir uns auch ab und an in meinem Büro getroffen oder sind gemeinsam in der Kantine Essen gegangen.

Mentee - Das erste Treffen war in einem Café in der Nähe des Büros meines Mentors. Es war zwar ein bisschen laut, aber ich fand, dass das die ungezwungene Atmosphäre des Treffens unterstrichen hat. Unser Mentoring dauert nun schon fast ein Jahr. In der Zwischenzeit sind wir auch mal Abend essen gegangen und er hat mich einmal zu einem Business Lunch mit Kollegen und Kunden mitgenommen. Das fand ich sehr spannend.

Duzen oder Siezen

Ob man seinen Mentee duzt oder siezt, ist reine Geschmackssache und hängt mitunter auch von der Unternehmenskultur ab. Wichtig ist, dass sich beide Seiten dabei wohl fühlen. In der Regel bietet immer der Mentor dem Mentee das „Du" an.

Mentor - Ich habe aktuell drei Mentees. Mit einem bin ich per Du, mit den anderen beiden per Sie. Das hat weniger damit zu tun, dass ich mit einem der drei besser als mit den anderen kann. Vielmehr ist es so, dass der Duz-Mentee vom Alter und vom Karriereschritt näher an mir dran ist und wir auch einen sehr persönlichen Draht zueinander gefunden haben. Bei meinen jüngeren Mentees fühle ich mich mit dem Sie einfach besser und glaube so, auch besser die notwendige professionelle Distanz wahren zu können.

Mentee - Mein Mentor war sehr locker, auch schon beim ersten Gespräch. Da er eine sehr hohe Führungskraft im Unternehmen ist, habe ich ihn gefragt, ob ich ihn als Herr/Frau Prof. Dr. oder Herr/Frau Dr. anreden soll. Zu meiner Überraschung hat er mir gleich das Du angeboten. Am Anfang fiel es mir etwas schwer, vor allem im Unternehmen, vor anderen Kollegen, aber ich habe mich daran gewöhnt.

Mentee - Nach Abschluss unseres offiziellen Mentorings hat mir mein Mentor das Du angeboten. Das hat mich sehr gefreut und war für mich auch ein positives Zeichen, dass wir über das Mentoring hinaus Kontakt halten werden.

Einladungen

Beim gemeinsamen Gang ins Café oder Restaurant sollten sich Mentoren nicht verpflichtet fühlen, die Rechnung des Mentees zu übernehmen. Die Regel sollte es eher sein „to go Dutch", jeder zahlt seine Rechnung für sich selbst.

3.8.4 Fachliches und Persönliches richtig sondieren

Jede Mentoring-Beziehung hat eine fachliche und eine persönliche Komponente. Die Mischung aus beidem ist wohl in jedem Tandem einzigartig.

Mentor - Mit meinen beiden Tandems bin ich sehr zufrieden. Interessant für mich ist dabei, dass sich da in den letzten Monaten zwei ganz unterschiedliche Beziehungen entwickelt haben. Mit meinem ersten Mentee fühle ich mich persönlich und fachlich sehr verbunden. Unsere Treffen müssen wir nicht großartig vorbereiten. Wir sehen uns und kommen sofort in gute inhaltlich sehr tief gehende Gespräche und reflektieren gemeinsam die Themen, die anstehen. Mit meinem zweiten Mentee komme ich vor allem auf der fachlichen Ebene sehr gut zurecht. Hier aber würde ich sagen, dass der Charakter einer Arbeitsbeziehung stark im Vordergrund steht. Wir legen vor unseren Treffen die Themen fest und arbeiten diese ab, z. B. wenn es um die Vorbereitung einer Bewerbung geht. Beide Tandems funktionieren auf ihre je eigene Weise sehr gut.

Mentee - Mein Mentor hat mir in vielen fachlichen Fragen sehr weitergeholfen. Wir haben meine Bewerbungsunterlagen optimiert, wir haben meine Ziele durchgesprochen und wir haben einen Karriereplan erstellt.

Mentee - Wir haben uns sofort sehr gut verstanden, nicht zuletzt weil wir zwei sportliche Hobbies miteinander teilen. Ich freue mich nach wie vor auf jedes Treffen mit meinem Mentor.

Es lässt sich nicht vorhersagen, ob sich ein Mentoring-Tandem eher in eine fachliche oder persönliche Richtung entwickelt. Das muss man auf sich zukommen lassen, kann aber in der Regel davon ausgehen, dass beide Varianten gut funktionieren können, wenn ein Mindestmaß an gegenseitiger Sympathie und gegenseitigem persönlichen Interesse vorhanden ist.

3.8.5 Die eigene Rolle reflektieren

Auch wenn im Mentoring die one-to-one-Beziehung im Vordergrund steht, sollte es die Möglichkeit geben, dass sich alle Mentoren und Mentees des Programms in gemeinsamen Veranstaltungen miteinander austauschen können.

Mentor - Einmal im Jahr gibt es in unserem Programm ein Mentoringforum. Es handelt sich um eine Abendveranstaltung mit Vorträgen zu einem bestimmten aktuellen Thema aus der Berufs- oder Wirtschaftswelt mit anschließendem Get-Together. Die Gespräche mit anderen Mentoren, der Austausch mit anderen Mentees ist sehr interessant und ich bekomme immer wieder Impulse für mein eigenes Tandem. Zudem habe ich über das Event schon einige neue, für mich selbst sehr wertvolle Kontakte geknüpft.

Mentee - In unserem Mentoring-Programm gibt es Seminare und Karriere Events nur für Mentees rund um fachliche Themen und die Persönlichkeitsentwicklung. Ab und an gibt es auch Workshops und Veranstaltungen, an denen Mentoren und Mentees gemeinsam teilnehmen können. Das finde ich ganz hervorragend. Es unterstreicht, wie wertvoll dieses Programm ist. Und es hilft dabei, das eigene Netzwerk sinnvoll auszubauen.

3.9 Netzwerke analysieren und knüpfen

Eine erfolgreiche Karriere basiert auf einem guten Netzwerk. Vor allem Berufseinsteigern und neuen Mitarbeitern eines Unternehmens fehlt dieses zu Beginn und muss zuweilen hart erarbeitet werden. Insbesondere an dieser Stelle kann ein gut vernetzter Mentor sehr hilfreich sein und für den Mentee eine Brücke zum eigenen Netzwerk bauen.

Einige Mentees haben eine klare Erwartung an den Mentor, dass dieser ihnen auch entsprechende Kontakte ermöglichen solle. Wie massiv dieser Wunsch vorgetragen wird, hängt auch wieder davon ab, ob es sich um ein unternehmensinternes Programm oder beispielsweise ein Alumni-Programm an einer Universität handelt. Bei unternehmensinternen Programmen kann man durchaus auch eine gewisse Motivation bei einigen Mentees wahrnehmen, einen bestimmten Mentor ergattern zu wollen, da dieser entsprechend angesehen ist oder über gewünschte Kontakte verfügt. In der Regel haben Mentoren tatsächlich eine Menge hilfreicher Kontakte und sind gerne bereit, diese auch im Rahmen des Mentorings zu nutzen und dem Mentee zur Verfügung zu stellen. Ein guter Mentor zeichnet sich dadurch aus, dass er den Mentee selbst zur Lösungsfindung anregt, ihm bei Bedarf Feedback oder einen wohlwollenden Rat gibt oder eben auch einmal einen Kontakt vermittelt. Wir haben schon Mentoren erlebt, die sich unsicher waren, ob sie für den jeweiligen Mentee überhaupt nützlich sein könnten, da sie selbst etwas anderes studiert haben oder in einer völlig anderen Position oder Branche tätig waren, als es der Mentee einmal sein möchte. Für diese Mentoren war es dann beruhigend zu erkennen, dass sie für dezidierte Fachfragen oder Informationen zu gewissen Branchen oder Positionen durchaus den Kontakt zu einem Bekannten vermitteln konnten, was sie auch oft gerne taten.

Dem Mentee sollte dabei klar sein, dass der Mentor dies nur tut, wenn er das Gefühl hat, dass der Mentee sich dabei adäquat verhält und zuverlässig die vereinbarten Termine und Verbindlichkeiten einhält. Worüber Mentoren erfahrungsgemäß nicht sonderlich erbaut sind ist, wenn der Eindruck entsteht, dass in erster Linie das eigene Adressbuch das Interessanteste für den Mentee darstellt und dieser im Mentor eine Art „Türöffner" sieht. Das hat den Geschmack von Instrumentalisierung. Ob ein Mentor im Bedarfsfall bereit ist, seine Netzwerke für den Mentee zu nutzen, bleibt letztlich ihm selbst überlassen, sollte aber im Bedarfsfall bereits im Erstgespräch geklärt werden.

3.9.1 Vorhandene Ressourcen analysieren

Zunächst aber ist es sinnvoll, sich mit den vorhandenen Netzwerk-Ressourcen des Mentees zu beschäftigen. Bei vielen Problemen und Fragestellungen hat man bereits einen Akteur im eigenen Netzwerk, den man sich nur bewusst machen muss.

Mentor - Mein Mentee war zu diesem Zeitpunkt auf Jobsuche. Neben den klassischen Online- und Print-Stellenmärkten habe ich ihm angeboten, mich für ihn umzuhören. Ich habe ihm aber auch empfohlen zu lernen, das eigene Netzwerk nach Jobmöglichkeiten zu durchforsten. Gemeinsam haben wir eine Mindmap bzw. eine Netzwerkkarte gezeichnet. In der Mitte er und in konzentrischen Kreisen sollte er außen herum Personen als Punkte einzeichnen, die ihm näher und ferner stehen, Familie, Freunde, Kollegen, Bekannte usw. Dann haben wir überlegt, wie ihm diese Personen helfen können.

Mentee - Ich habe mit meinem Mentor eine Netzwerkanalyse gemacht. Das hat mir sehr geholfen, nicht nur bei der Jobsuche, sondern auch für andere Fragestellungen. Ich hatte mir vorher wirklich nie bewusst gemacht, wer sich alles direkt und indirekt in meinem Netzwerk befindet und wen ich da alles im Fall der Fälle aktivieren kann. Zusätzlich auf das Netzwerk des Mentors zugreifen zu können, dieses Angebot war natürlich hervorragend.

3

3.9.2 Empfehlungen und Referenzen aussprechen

Mit der eigenen persönlichen Referenz sollte man achtsam und sparsam umgehen. Hat man seinen Mentee hinreichend kennengelernt, spricht nichts dagegen, ihm zum Beispiel für eine Bewerbung eine solche Referenz anzubieten. Dies kann in Form eines eigens schriftlich formulierten und unterschriebenen Dokuments geschehen oder als Erwähnung im Lebenslauf des Mentees. Bewerbungsschreiben, die mit dem Verweis auf eine persönliche, namentliche Empfehlung beginnen, genießen mit Sicherheit die besondere Aufmerksamkeit von Personalern Personal-Entscheidern.

Mentor - Ich habe meinem Mentee folgende Referenz gegeben:

> Im Rahmen meiner ehrenamtlichen Tätigkeit als Mentor für [Unternehmen x] lernte ich am [Datum] meinen Mentee [Name] kennen und begleite ihn seitdem auf seinem beruflichen und persönlichen Weg.
>
> Ich schätze [Name] als einen sehr klugen, wissbegierigen, intelligenten und motivierten Mentee. Besonders seine offene und sympathische Art machen ihn zu einer besonderen Persönlichkeit. Der Austausch mit ihm ist auch für mich stets gewinnbringend.
>
> Mich beeindruckt seine hohe Motivation und im besten positiven Sinne sein Ehrgeiz sowie seine Umsicht bei der Gestaltung seiner Karriere. Ich kann [Name] jedem Arbeitgeber uneingeschränkt empfehlen.
>
> Sehr gerne stehe ich jederzeit für eine persönliche Referenz zur Verfügung und wünsche [Name] für seinen beruflichen und persönlichen Weg das Beste.

3.9.3 Berufliche und persönliche Netzwerke teilen

Schließlich ist es durchaus sinnvoll, bei geeigneten Anlässen den Mentee direkt dem eigenen Netzwerk vorzustellen. Denkbar ist hier beispielsweise eine Einladung an den Arbeitsplatz im eigenen Unternehmen, um ihn Kollegen oder auch Kunden und Führungskräften vorzustellen. Alternativ lädt man zu einem Treffen mit dem Mentee einen weiteren inhaltlich relevanten Bekannten oder Kollegen ein und führt ein gemeinsames Gespräch.

Mentee - Mein Mentor hat mich immer wieder Kollegen und beruflichen Kontakten vorgestellt. Er hat mich mehrmals zu sich ins Unternehmen eingeladen und mich auch zum Kunden mitgenommen. Ohne ihn hätte ich diese hochrangigen Kontakte kaum bekommen.

3.10 Klingt nach einem guten Plan

3.10.1 Typische Verläufe von Mentoring-Beziehungen

Keine Mentoring-Beziehung ist wie die andere. Dennoch lassen sich bestimmte Grundmuster der Entwicklung beschreiben.

Die Phasen einer Mentoring-Beziehung
Kennenlernphase

Hier handelt es sich um die ersten (zwei bis drei) Treffen, bei denen sich Mentor und Mentee persönlich und fachlich kennenlernen und am Ende einschätzen, ob ein Tandem

Sinn macht. Beide sollten sich zum Abschluss hier ein offenes und ehrliches Feedback geben.

Mentor - Ich habe meinem Mentee gesagt, dass wir uns zwei bis drei Treffen zum Kennenlernen geben und dann gemeinsam entscheiden, ob und wie wir weitermachen. Ich wollte, dass er weiß, dass er mir ganz offenes Feedback geben kann.

Mentee - Mir war nach den ersten beiden Treffen klar, dass wir gut vor allem fachlich gut zusammen-passen. Ich fand es sehr gut, dass die Organisatoren des Programms nach ca. zwei Monaten nachfragten, ob denn alles passt und die Mentoring-Beziehung gut läuft.

Arbeitsphase

Mentee und Mentor arbeiten gemeinsam an den vereinbarten Themen. Einige Tandems folgen dabei einer schriftlich fixierten Vereinbarung, einem festen Plan, andere gestalten das Tandem von Treffen zu Treffen entsprechend anliegender Themen. Beides ist mög-lich und sollte in Abstimmung mit dem Tandempartner gestaltet werden.

Mentor - Eine schriftliche Mentoring-Vereinbarung war mir zu sperrig. Ich denke wir sind sehr gut damit gefahren, die Themen je nach Lage zu besprechen. Das war nach Rücksprache mit meinem Mentee auch für ihn ok.

Mentee - Nach den ersten beiden Treffen haben wir eine Vereinbarung aufgesetzt, welche Themen wir mit-einander in welchem Zeitrahmen angehen wollen. Mir half das dabei, mich auf die Treffen vorzubereiten.

Übergangsphase

Am Ende einer Mentoring-Beziehung führen Mentor und Mentee ein Abschluss-gespräch und ziehen ein Resümee zu ihrer Zusammenarbeit. Viele Tandems münden in eine langfristige Freundschaft und Verbundenheit.

Mentor - In den anderthalb Jahren des Mentorings haben wir uns sehr gut kennengelernt. Wir haben dann das Mentoring formal mit einem Abschlusstreffen abgeschlossen. Aber wir haben weiterhin regelmäßig Kontakt, treffen uns und ich bin nach wie vor sehr an der Entwicklung meines Mentees interessiert.

Mentee - Bei unserem Abschlussgespräch wurde mir noch einmal richtig bewusst, wie intensiv wir in den vergangenen Monaten zusammengearbeitet haben und welche Türen mir mein Mentor aufge-stoßen hat. Wir halten nach wie vor Kontakt und sehen uns so ein bis zweimal im Jahr.

Es bleibt beim ersten Treffen

Aus den Erfahrungen des Mentoring-Programms an der LMU München können wir berichten, dass es in etwa zehn Prozent der Fälle bei nur einem Treffen zwischen Men-tor und Mentee blieb. Hier hat das Matching fachlich und/oder persönlich nicht gepasst. Etwa ein Drittel der betroffenen Mentees meldeten sich, um eine Alternative abzuklären. Die übrigen zwei Drittel beendeten das Mentoring und hatten kein weiteres Interesse am Programm. Auf Nachfrage stellte sich häufig heraus, dass diese Mentees entweder zu hohe Erwartungen oder im Gegenteil zu wenige oder keine konkreten Erwartungen an das Mentoring beziehungsweise an den Mentor hatten.

Mentor - Mein Mentee kam unvorbereitet zum Gespräch. Für das nächste habe ich ihn darum gebeten, sich vorzubereiten. Danach habe ich leider nichts mehr von ihm gehört. Nach Rücksprache mit den Organisatoren des Programms haben wir das Tandem dann auch gleich beendet.

Mentee - Ich hatte den Eindruck, dass sich mein Mentor nicht sehr für mich interessiert. Er hat zwar sehr viel von sich erzählt und was er alles schon geleistet und erreicht hat. Auf meine Pläne und Vor-stellungen sind wir aber kaum bis gar nicht eingegangen.

3

Kurze, erfolglose Beziehungen

Ähnlich verhält es sich hier. Die Mentees brechen nach wenigen weiteren Treffen den Kontakt zum Mentor ab. Auch in diesen Fällen sind es meist zu hohe Erwartungen (zum Beispiel sollte der Mentor ein Praktikum organisieren) oder fehlende Ideen zur weiteren Gestaltung des Tandems.

Mentor - Der Mentee hatte sehr überzogene Vorstellungen von dem, was ich als Mentor leisten sollte. Eine direkte Empfehlung nach zwei Treffen zu verlangen, ist schon mutig. Und ich habe mich dagegen entschieden.

Mentee - Nach drei Treffen habe ich gemerkt, dass das Berufsfeld meines Mentors nichts für mich ist.

Kurze und erfolgreiche, eher fachlich geprägte Beziehungen

Hier stehen konkrete, fachliche Fragen und Themen, zum Beispiel rund um den Bewerbungsprozess im Vordergrund. Mentor und Mentee arbeiten in einigen wenigen Treffen einen gemeinsam vereinbarten Themenkreis ab und beenden im Anschluss die Beziehung im positiven Sinne.

Mentor - Der Mentee war sehr zielstrebig und wusste ganz klar, was ihm wichtig ist. Wir haben die Bewerbungsunterlagen und die Bewerbungsstrategie in fünf sehr intensiven Arbeitssitzungen gemeinsam optimiert.

Mentee - Für meinen Bewerbungsprozess habe ich eine Initialzündung gebraucht, jemanden, mit dem ich mein Vorhaben durchsprechen kann und den ich um Rat fragen kann, wenn es um die Vorbereitung z. B. auf ein Auswahlgespräch geht. Unterm Strich war das Bewerbungscoaching sehr hilfreich und ich konnte mein Ziel mit einer entsprechenden neuen Stelle erreichen.

Lange und erfolgreiche, fachlich und persönlich gute Beziehungen

Neben einer fachlich geprägten Arbeitsbeziehung bauen Mentor und Mentee in diesen Tandems auch eine gute persönliche Bindung zueinander auf. Sie führen intensive, persönliche, über das Studium und Karrierethemen hinausgehende Gespräche. Diese Tandems halten meist über mehrere Jahre hinweg und münden in eine Freundschaft mit regelmäßigem persönlichen Kontakt auch nach Abschluss des Mentoring.

Mentor - Wir haben fast drei Jahre miteinander als Tandem gearbeitet, bis das Ganze in eine sehr gute Freundschaft mündete.

Mentee - Ich schätze meinen ehemaligen Mentor nach wie vor als guten Freund und Ratgeber und ich weiß, dass ich mich mit Fragen nach wie vor jederzeit bei ihm melden kann.

Auch die erfolgreichen Beziehungen verlaufen selten linear, sondern sind von Höhen und Tiefen gekennzeichnet, von Phasen des intensiven und des loseren Kontakts, nicht selten auch von Krisen zwischen Mentor und Mentee.

Mentor - Da gab es dann auch mal eine Phase, da sind wir uns richtig auf den Zeiger gegangen. Da trat der Mentee so fordernd auf und war in seinen Ansichten ungemütlich, irgendwie, als ob die Welt ihm etwas schulden würde. Aber so ist das nicht. Das war dann auch für zwei Treffen so. Aber wir sind aus diesem Tal auch wieder herausgekommen.

Mentee - Wir hatten auch eine Pause im Mentoring. Aber wir hatten das auch so ausgemacht, dass ich mich wieder melde, wenn ich den Mentor brauche. Und inzwischen haben wir auch wieder regelmäßig Kontakt.

Kritische Phasen werden häufig durch kritisches Feedback des Mentors zur Person oder zu den Plänen des Mentees ausgelöst. Entscheidend für den langfristigen Erfolg ist, dass der Mentee in der Lage ist, auch kritisches Feedback zu verarbeiten, Gewinn für sich daraus zu ziehen und nach einer gegebenenfalls erforderlichen inneren Verarbeitungspause wieder den Kontakt zum Mentor sucht (s. ◘ Abb. 3.1).

3.10.2 Verbindlich und nachhaltig zusammenarbeiten

Natürlich ist Verbindlichkeit etwas sehr Wesentliches im Mentoring. Ohne Verbindlichkeit geraten Vorhaben nicht in die Umsetzung und das gewünschte Ziel kann nicht erreicht werden. Das leuchtet jedem ein. Interessant ist es jedoch, genauer hinzusehen, wenn uns das Problem der Verbindlichkeit begegnet. Wir haben diesbezüglich im Wesentlichen zwei Hauptgründe ausmachen können.
1. Unterschiedliches Verständnis bezüglich der Wichtigkeit oder Gültigkeit einer Vereinbarung zwischen Mentor und Mentee
2. Die Vereinbarung unpassender Meilensteine

Zu 1. Gerade bei sehr engagierten Mentoren, denen es besonders wichtig war, dass ein konkretes Ergebnis durch das Mentoring erzielt wird, haben wir erlebt, dass sie das Mentoring wie ein Projekt in ihrem Job angegangen sind. Sie machten sich Gesprächsnotizen, terminierten Meilensteine und hielten Vereinbarungen fest. In vielen Fällen sind die Mentees darüber sehr froh und sehen das als Erleichterung an, da endlich etwas Zug in die Sache kommt. Uns sind allerdings auch Fälle begegnet, bei denen dieses

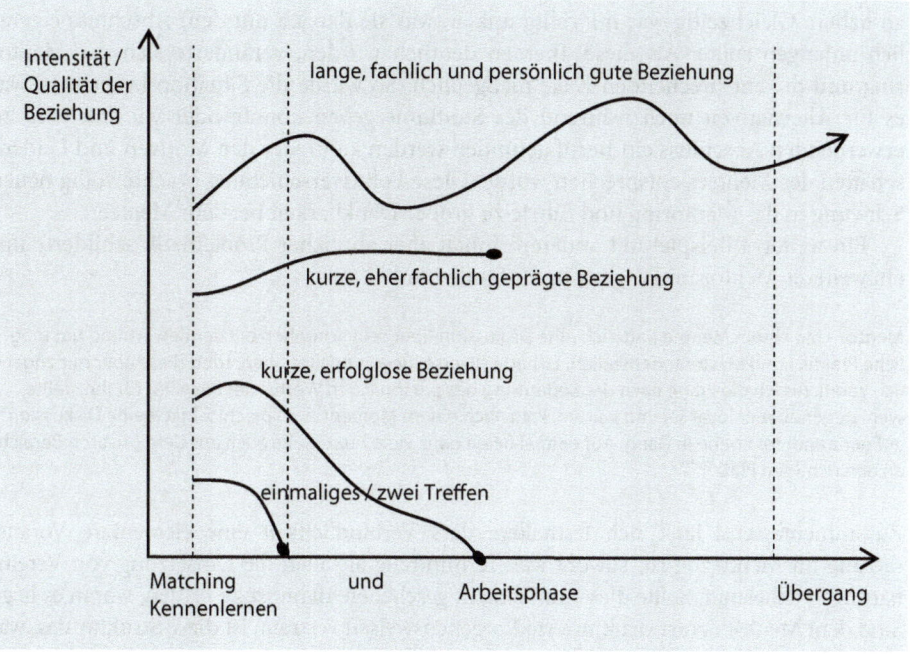

◘ **Abb. 3.1** Typische Verläufe von Mentoring-Beziehungen

3

sehr strukturierte Vorgehen für die Mentees teils zu viel war. Sie sahen in dem Mentoring eher eine Austauschplattform und wollten darin zumindest anfangs nicht gleich diese klare Struktur erleben, wie sie sich in einem Projektplan niederschlägt. Ihnen war oft einfach mehr daran gelegen, aus Gesprächen mit dem Mentor zu lernen und noch nicht unbedingt gleich konkrete Schritte zu vereinbaren. Interessanterweise gaben diese konkreten Vereinbarungen den Mentoren wiederum Sicherheit, dass das Mentoring-Gespräch ein konkretes Ergebnis geliefert hat und damit sie als Mentor wertvoll waren.

Zu 2. Ein weiterer Grund, warum Meilensteine nicht eingehalten wurden, lag oft darin, dass die „falschen" Meilensteine vereinbart worden sind. Dabei bezieht sich das falsch nicht auf die Inhaltsebene, sondern vielmehr darauf, dass die vereinbarten Schritte nicht zu den eigentlichen Zielen und Motiven der Mentees passten. Je schneller in dem Mentoring-Gespräch auf das Festhalten konkreter Maßnahmen durch den Mentor Wert gelegt wurde, man könnte überspitzt auch sagen gedrängt wurde, desto größer war das Risiko, schnell „sozial erwünschte" Meilensteine zu vereinbaren.

Wir haben dies häufiger bei einem Programm für Studierende erlebt, wie in folgendem Beispiel: In einem Tandem war rasch ein Ziel für das Mentoring vereinbart, nämlich das Studium möglichst schnell und erfolgreich abzuschließen. Dazu wurden konkrete Schritte vereinbart, die der Mentee jedoch nur halbherzig umsetzte. Aus einer gewissen Ratlosigkeit heraus, wandte sich der Mentor an uns. Nach seiner Schilderung entstand der Eindruck, dass das vereinbarte Ziel, nämlich der schnelle Studienabschluss, womöglich für den Mentee gar nicht das Kernthema sein könnte. Wir empfahlen dem Mentor, den Prozess eher zu entschleunigen und vorsichtig zu prüfen, ob nicht ein anderes Thema dringender sei. Nach dem nächsten Mentoring-Gespräch rief uns der Mentor an und war sehr dankbar für diesen Tipp. Es stellte sich nämlich heraus, dass bereits die Studienwahl maßgeblich vom Wunsch der Eltern getrieben war und die Studierende das Studium in erster Linie schnell beenden wollte, um das ungeliebte Thema hinter sich zu haben. Gleichzeitig war ihr völlig unklar, was sie danach mit dem Abschluss eigentlich anfangen sollte. Als diese Themen deutlich wurden, veränderte sich das Mentoring und die entsprechenden Ziele maßgeblich. So wurde die Situation beleuchtet, was es für Alternativen noch während des Studiums geben könnte oder wie mit dem zu erwerbenden Abschluss ein Beruf gefunden werden kann, der den Motiven und Leidenschaften des Mentees entsprechen würde. Diese Fokusverschiebung brachte völlig neuen Schwung in das Mentoring und führte zu großer Dankbarkeit bei dem Mentee.

Ein weiteres Beispiel mit anderem Inhalt aber ähnlicher Problematik schilderte uns ein weiterer Mentor im Programm für Studierende.

Mentor - Mit einem Mentee hatte ich eine Diskussion über sein Vorgehen bei der Bewerbung um mögliche Praktika und Masterandenstellen. Er hatte diverse Ideen und Optionen, trieb diese aber nur zögerlich voran. Als ich die Frage nach der Bedeutung des persönlichen Wertes der Loyalität für ihn stellte, wem gegenüber er loyal sei und warum, kam nach einem Moment der Sprachlosigkeit eine Diskussion auf ganz anderer Ebene in Gang. Auf einmal fielen ganz viele Puzzleteile auch aus dem privaten Bereich an den richtigen Platz.

Zusammenfassend lässt sich festhalten, dass Verbindlichkeit eine elementare Voraussetzung im Mentoring ist, sowohl was Termintreue als auch die Umsetzung von Vereinbarungen anbelangt. Sollte dies einmal nicht geschehen, dann ist zu prüfen, woran es liegt. Sind dem Mentee derart strukturierte Vorgehensweisen vertraut, ist diese Struktur das, was er im Mentoring wirklich will und wurden auch die passenden Meilensteine vereinbart?

Dies zu explorieren und das eigene Vorgehen anzupassen oder auch dem Mentee eine entsprechende Rückmeldung zu geben, ist für erfolgreiches Mentoring elementar.

3.10.3 Wenn es im Tandem knirscht

Wie in jeder Beziehung kann es auch in einer Mentoring-Beziehung Konflikte geben. Obwohl es das Ziel einer Mentoring-Beziehung ist, ein vertrauensvolles Verhältnis auf Augenhöhe zu schaffen, so gibt es dennoch ein gewisses hierarchisches Gefälle. Sollte daher, aus welchen Gründen auch immer, das Mentoring konfliktreich verlaufen, können sowohl Mentor als auch Mentee dies relativ leicht beenden und darauf verweisen, dass sie keinen Sinn darin sehen oder nicht glauben, gemeinsam die angestrebten Ziele erreichen zu können. Aus unserer Perspektive sollte ein solcher Abbruch der Mentoring-Beziehung jedoch niemals ohne vorherige Klärung der Gründe im Duo erfolgen.

Lassen Sie uns einen Blick darauf werfen, welche typischen Gründe im Mentoring zu einer Verstimmung oder zu einem Konflikt führen können:

Der Mentor kann unzufrieden sein, da
- der Mentee die vereinbarten Schritte nicht umgesetzt hat
- Treffen kurzfristig abgesagt werden
- mögliche Tipps und Ideen nicht angenommen werden können
- die Ideen und Zielvorstellungen des Mentees aus Perspektive des Mentors nicht sinnvoll erscheinen
- wenig Aktivität und Engagement für den Mentoring-Prozess seitens des Mentees festzustellen ist

Der Mentee kann unzufrieden sein, da
- der Mentor kaum Zeit für den Mentee hat oder Treffen kurzfristig absagt
- der Mentor wenig Bereitschaft zeigt, sich in die Gedankenwelt des Mentees zu versetzen und stattdessen eher belehrend Ratschläge erteilt
- der Mentor ihm nicht genug Türen öffnet, so wie er es eigentlich gerne hätte
- der Mentor keinen Praktikumsplatz oder gar Arbeitsplatz anbieten kann
- er keinen Sinn im Vorgehen beim Mentoring in Bezug auf seine konkrete Fragestellung sieht

Diese Liste ließe sich sicher noch erweitern. Es wird jedoch schnell deutlich, dass viele kritische Punkte sowohl aus Perspektive des Mentees als auch aus der des Mentors gelten. Einige dieser potenziellen Reibungspunkte lassen sich durch ein gut geführtes Erstgespräch (siehe ▶ Abschn. 3.6.1) bereits im Vorfeld klären. Bei vielen weiteren Punkten hilft es, wie bei der Konfliktklärung in anderen Kontexten sehr verbreitet, sich das Prinzip der Metakommunikation zunutze zu machen. Konkret heißt dies, man macht die Mentoring-Beziehung selbst zum Thema und schildert aus der Ich-Perspektive, wie man diese gerade erlebt:

„Mir ist aufgefallen, dass ich Dir einige Emails geschrieben habe, aber von Dir keine Reaktion gekommen ist. Das ist für mich unbefriedigend und gerne möchte ich mit Dir klären, wie Du unsere Zusammenarbeit erlebst; für mich ist sie so, wie sie derzeit läuft, schwierig."

3

Dies scheint so simpel wie logisch zugleich zu sein. In der Praxis habe ich hingegen öfters erlebt, dass Mentoren stattdessen noch einen weiteren Terminvorschlag geschickt haben und als dazu keine Antwort kam, den Kontakt einfach abgebrochen haben. Das ist legitim, aber schade. Wir haben diesbezüglich auch Frustration bei Mentoren erlebt, im Sinne von: „Mir ist meine Zeit zu schade, ich renne dem doch nicht hinterher". Durch den Kontaktabbruch wird aber weder der Frust kanalisiert, noch erfährt man einen Grund, warum sich der Mentee nicht mehr gemeldet hat. Bei unternehmensinternen Programmen oder übergreifenden Programmen, wo der Arbeitgeber für die Teilnahme des Mentees sogar etwas bezahlt, mag es da einen gewissen „sozialen Druck" geben, das Angebot auch wahrzunehmen. Bei Programmen, in denen es eine losere Koppelung gibt, wie zum Beispiel in Alumni-Programmen von Universitäten, haben wir hingegen durchaus beobachtet, dass Mentees sich nicht zum vereinbarten Zeitpunkt gemeldet haben. In den Fällen, bei denen die Mentoren dies zum Anlass genommen haben, die Beziehung miteinander zu klären, ergaben sich sehr interessante Hinweise, was zu dem Verhalten führte. Nicht selten war das gezeigte Verhalten letztlich Ausdruck von Scham. Der Mentee hatte es in einer sehr arbeitsintensiven Zeit nicht geschafft, sich bei seinem Mentor zu melden. Als er dann den Kontakt zum Mentor wieder gewünscht hätte, hatte er ein solch schlechtes Gewissen, sich jetzt erst wieder zu melden, dass er dann lieber den Kontakt hat abreißen lassen.

Zunächst ist natürlich jedem Duo zu wünschen, dass das Mentoring angenehm, zielführend und auf guter Wellenlänge verläuft. Sollte es aber einmal zu einer Konfliktsituation kommen, dann ist gerade das Besprechen eines solchen Konflikts sehr förderlich für eine noch vertrauensvollere Zusammenarbeit. Außerdem ist das Erleben und Lösen einer solchen Konfliktsituation eine ganz wesentliche Mentoring-Erfahrung.

3.10.4 In die Selbstständigkeit führen

Der Erfolg des Mentorings für den Mentee bemisst sich mindestens auf zwei Ebenen. Zum einen erhält der Mentee eine konkrete Idee, wie er das gewünschte Ziel erreichen kann. Zum anderen sollen die Dialoge mit dem Mentor auch dazu beitragen, die eigene Problemlösungskompetenz zu erhöhen. Um dies zu erreichen, ist es wie schon mehrfach erwähnt wichtig, dass der Mentor nicht allzu viele Tipps und Ideen vorgibt, sondern den Mentee selbst zum Denken anregt. Natürlich ist Mentoring auch sehr wirkungsvoll, wenn der Mentor passende Tipps zum konkreten Vorgehen liefert. Dann ist der Mentee allerdings eher in einer Empfänger-Rolle und beteiligt sich selbst weniger an der Lösungsfindung.

Lassen Sie uns dazu zwei Begriffe voneinander abgrenzen. An einem Ende der Skala siedeln wir die Expertenberatung an. Hier konsultiere ich einen Experten, der das notwendige Wissen hat, um mir genau zu sagen, was ich tun soll. Am anderen Ende der Skala positionieren wir den Coach, der oftmals keine inhaltliche Expertise hat, aber durch ein ausgereiftes Fragenrepertoire seinen Klienten zum Nachdenken, Fühlen und Spüren anregt, um so eine passende Lösung zu generieren. Diese kommt dann aus einem inneren Prozess heraus und hat eine hohe Wahrscheinlichkeit, auch in die Umsetzung zu gelangen. Mentoring würden wir in diesem Bild in der Mitte der Skala ansiedeln und je nach Gesprächssituation kann Mentoring dann eher aus einer Expertenperspektive oder einer coachenden Haltung betrieben werden. Klar ist, je mehr Coaching-Anteile im Mentoring vorhanden sind, umso mehr steigt die Problemlösungskompetenz des Mentees und damit auch seine Selbständigkeit.

Daher tun Mentoren gut daran, nicht sofort Ideen und Lösungen vorzugeben, sondern das Gegenüber zum Nachdenken anzuregen. Das ist nicht immer so einfach, denn für den eigenen Selbstwert als Mentor ist es durchaus förderlich, wenn man das Gefühl hat, dass man gute Ideen und Antworten liefern kann. Dennoch empfehlen wir hier etwas Geduld. Zu sehen, wie die Mentees letztlich im Mentoring-Prozess gerade durch die Zurückhaltung des Mentors reifen, ist auch etwas sehr Erfüllendes.

Und besonders schön ist es festzustellen, wenn man jemanden tatsächlich in die Eigenverantwortung, in einen neuen Schritt, begleiten konnte.

Mentor - Ein besonderer Moment im Mentoring war, als eine Mentee nach ihrem Uni-Abschluss dieser Lebewohl sagte und bald einen zukunftsträchtigen ersten Job außerhalb der Uni fand.

3.10.5 „Auch die guten Dinge haben ein Ende."

Am Ende des offiziellen Teils einer jeden Mentoring-Beziehung steht ein Abschlussgespräch. Mentor und Mentee sollten – sofern es kein fest terminiertes Programm ist – gemeinsam bestimmen, wann das Mentoring erfolgreich beendet ist. Wie an anderer Stelle bereits angedeutet, münden viele Mentoring-Beziehungen in eine anhaltende Freundschaft zwischen Mentor und Mentee oder beide halten in regelmäßigen, längeren Abständen Kontakt zueinander. Ein Leitfaden für das Abschlussgespräch kann die am Beginn des Mentoring-Prozesses getroffene Vereinbarung sein:

Beispiele für konkrete Fragen
- Welche gemeinsamen Ziele haben wir wie erreicht?
- Was haben wir warum gegebenenfalls nicht erreicht?
- Was lief in der Kommunikation gut, was nicht?
- Wie wollen wir in Zukunft Kontakt halten?

3.10.6 Ehemalige Mentees sind die besten Mentoren!

Diesen Hinweis halten wir für besonders wichtig, so dass wir ihm eine eigene Überschrift widmen. Die Organisatoren eines Mentoring-Programms sollten in jedem Fall den Kontakt zu ehemaligen Mentees halten, um sie als künftige Mentoren zu gewinnen.

Sie kennen den Mentoring-Prozess bereits und wissen, worauf es ankommt und was Mentoring beiden Seiten bringen kann. In unseren Projekten machen wir sehr häufig die Erfahrung, dass Mentees das Programm weiterempfehlen, den Mentoring-Gedanken in andere Unternehmen tragen und sich vor allem motiviert und freiwillig als Mentoren zur Verfügung stellen.

3.11 Mentoring im Unternehmen etablieren

In diesem Kapitel geben wir einige wichtige praktische Empfehlungen, die es zur erfolgreichen Einführung eines formellen Mentoring-Programms in Unternehmen zu beachten gilt.

3

3.11.1 Konzept, Qualitätssicherung und Evaluation

Ein durchdachtes Mentoring-Konzept ist unabdingbar. Es sollte mit ausreichender Zeit erarbeitet werden und folgende Fragen möglichst konkret beantworten.

Präambel: Was ist das primäre Ziel des Mentoring?
- **Empfehlung:** Die Präambel sollte mit einem bestimmenden Satz beginnen, der das primäre Ziel beschreibt. Idealerweise enthält der Anfang des Konzeptes auch ein Commitment der Geschäftsführung zum Mentoring-Programm und seiner Zielsetzung.

Welchen möglichst konkreten Nutzen sollen Mentees aus dem Programm ziehen?
- **Empfehlung:** Der Nutzen muss klar und konkret beschrieben sein. Inwiefern kann und wird das Mentoring den Mentee weiterbringen? Welchen Vorteil hat die Teilnahme gegenüber der Nichtteilnahme am Programm? Sind zum Beispiel bestimmte Karriereziele damit im Unternehmen leichter erreichbar? Es kann zudem auch beschrieben werden, was Mentoring nicht ist, dass damit beispielsweise kein automatisierter Beförderungsprozess verbunden ist.

Wer kann Mentor/Mentee werden? Welche fachlichen und persönlichkeitsbezogenen Anforderungen sollen an die Mentoren/Mentees gestellt werden?
- **Empfehlung:** Hier sollte konkret beschrieben werden, was die Mentoren den Mentees an beruflichem und/oder persönlichem Wissen und Erfahrung voraushaben müssen. Weiter wird definiert, was der Mentor an persönlichen Eigenschaften und welche (zeitlichen, thematischen) Ressourcen er ins Mentoring einbringen muss. Das gleiche gilt für die Mentees. Auch hier sollte eine klare Erwartungshaltung an deren Engagement formuliert werden.

Wie verläuft der Anmelde- oder Bewerbungsprozess für Mentees und Mentoren?
- **Empfehlung:** Der Prozess sollte für alle Beteiligten transparent sein. Machen Sie es den Mentoren und Mentees nicht zu leicht und nicht zu schwer, sich für das Programm anzumelden. In den Anmeldungen sollten beide Seiten idealerweise auch im Freitext ihre Erwartungen an die Teilnahme formulieren.

Welchen Nutzen können Mentoren aus dem Programm ziehen?
- **Empfehlung:** Nicht nur die Mentees, auch die Mentoren sollen einen Nutzen aus der Teilnahme ersehen können. Dies können karrierebezogene, monetäre und/oder zeitliche Vorteile sein.

Wie werden die Mentoren auf das Mentoring vorbereitet?
- **Empfehlung:** Eine ein- bis zweitägige Schulung oder ein gemeinsamer Workshop macht in jedem Fall Sinn. So lernen sich die Mentoren untereinander kennen und können voneinander profitieren. Im Schulungsteil sollten die Mentoren gut auf die Möglichkeiten, aber auch auf die Grenzen des Mentoring vorbereitet werden:
  Wie wende ich aktuelle Coaching- und Beratungsmethoden im Mentoring an?
  Wie genau kläre ich das Anliegen meines Gegenübers?
  Wie kann ich durch gezielten Einsatz von Coaching- und Beratungsmethoden wie zum Beispiel Fragen, erlebnisorientierten Übungen und Feedback neue Perspektiven eröffnen?

Was genau beinhaltet die Rolle des Mentors? Was aber auch nicht?
Wie lerne ich meine Bedürfnisse und die meines Mentees kennen?
Wie begleite ich meinen Mentee bei Entscheidungen?

Wie werden die Mentees auf das Mentoring vorbereitet?
- **Empfehlung:** Ein Einführungsworkshop auch für die Mentees bietet hier in der Regel einen großen Mehrwert. Möglich ist auch eine gemeinsame Veranstaltung von Mentoren und Mentees.

Wie erfolgt das Matching von Mentoren und Mentees?
- **Empfehlung:** Besonders wichtig ist es, dass Mentoren und Mentees einen gewissen Einfluss auf die Wahl des Tandempartners haben. Auf jeden Fall sollten sich beide unabhängig von der Organisation nach den ersten Treffen auf ein Tandem verständigen. Das Konzept sollte auch Vorkehrungen dafür enthalten, wie man bei einem gescheiterten Matching vorgeht.

Wer ist (ständiger) Ansprechpartner für Mentoren und Mentees im Verlauf des Programms?
- **Empfehlungen:** Für den Erfolg des Mentoring ist ein fester Ansprechpartner unabdingbar. Ein Mentoring-Programm nebenbei zu betreiben, ist wenig erfolgversprechend.

Wie lange soll das Mentoring in der Regel dauern? Gibt es einen festen Fahrplan? Starten alle Tandems zu einer bestimmten Zeit oder ist der Ein- und Ausstieg laufend möglich?
- **Empfehlung:** Das kommt auf die Zielsetzung des Programmes an und kann durchaus variieren. Die gemeinsame Arbeitsphase sollte jedoch für alle Tandems hinreichend lang angelegt sein. Die meisten formellen Programme bewegen sich einer Zeitspanne von ein bis zwei Jahren.

Welche begleitenden Veranstaltungen gibt es für Mentoren und Mentees, um sich untereinander zu vernetzen?
- **Empfehlung:** Ein bis zwei Veranstaltungen pro Jahr sind sinnvoll. Denkbar sind gemeinsame Seminare, Workshops oder Themenabende mit (externen) Referenten, zum Beispiel zu Karrierethemen.

Wie wird der Erfolg des Programms evaluiert?
- **Empfehlung:** Sinnvoll ist es, einige Wochen nach dem ersten Treffen zwischen Mentor und Mentee nachzufragen, ob im Tandem alles in Ordnung ist. Weiter sollten eine Zwischen- und eine Abschluss-Evaluation erfolgen. Beschränken Sie sich dabei auf wesentliche Inhalte. Die Fragebögen sollten in nicht mehr als zehn Minuten ausfüllbar sein. Offene Fragen sind hier mit Blick auf die laufende Optimierung des Programms besser als geschlossene. Sie enthalten mehr Informationen über das, was im Programm gut oder auch schlecht läuft.

Wie soll die Qualität gesichert werden?
- **Empfehlung:** Schulungs- und Supervisionsangebote sowie ein fester Ansprechpartner (nicht nur) für Krisen- und Konfliktfälle sind wichtige Bestandteile für ein gutes und erfolgreiches Mentoring-Programm.

3.11.2 Das A und O: das Commitment der Organisation

An der oben genannten Liste lässt sich erkennen, dass ein Mentoring-Programm kein Selbstläufer ist. Das Programm sollte von einer oder mehreren Personen kontinuierlich gesteuert und begleitet werden.

Darüber hinaus ist es sehr wichtig, dass das Mentoring-Programm von möglichst hoher Stelle im Unternehmen gewünscht ist und sichtbar gefördert wird, möglichst von der Geschäfts- bzw. Organisationsleitung. Diese sollte das Engagement der teilnehmenden Mentoren und Mentees bei verschiedenen Gelegenheiten ausreichend würdigen. Das beginnt mit der Präsenz der Geschäftsführung bei Mentoring-Veranstaltungen und geht idealerweise bis hin zu konkreten Vorteilen für die Karrieren von Mentees und Mentoren.

Die Wertschätzung durch oberste Stellen ist als Motivator nicht zu unterschätzen. Sehr häufig scheitern Mentoring-Programme oder schlafen über die Zeit ein, wenn diese Wertschätzung fehlt.

Literatur

Edelkraut, F., & Graf, N. (2011). *Der Mentor – Rolle, Erwartungen, Realität: Standortbestimmung des Mentoring aus Sicht der Mentoren*. Lengerich: Pabst Science Publishers.

O'Connor, J., Seymour, J., & Grinder, J. (2015). *Neurolinguistisches Programmieren: Gelungene Kommunikation und persönliche Entfaltung*. Kirchzarten: VAK.

Pflaum, S. (2016). *Mentoring beim Übergang vom Studium in den Beruf: Eine empirische Studie zu Erfolgsfaktoren und wahrgenommenem Nutzen*. Wiesbaden: Springer VS.

Radatz, S. (2003). *Beratung ohne Ratschlag. Systemisches Coaching für Führungskräfte und BeraterInnen, Ein Praxishandbuch mit den Grundlagen systemisch-konstruktivistischen Denkens, Fragetechniken und Coachingkonzepten*. Wien: Verlag Systemisches Management.

Ragins, B. R., & Kram K. E. (Hrsg.) (2007). *The Handbook of Mentoring at Work. Theory, Research, and Practice* (S. 123–147). London: Sage.

Selzner, H. D. (2018). Cross-gender Mentoring – Eine Mission Impossible?, Gastbeitrag in Initiative women into Leadership, Gemeinnütziger Verein zur nachhaltigen Entwicklung weiblicher Führungskräfte. ► http://www.iwil.eu/cross-gender-mentoring-eine-mission-impossible/. Zugegriffen: 13. Febr. 2018.

Ullrich, G., & Sperber, W. (1993). *Handbuch für Kommunikations- und Verhaltenstrainer: psychologische und organisatorische Durchführung von Trainingsseminaren*. Basel: E. Reinhard.

Unternehmensberatung BAB GmbH. (2009). Handbuch Mentoring Grundlagen des Mentorings Wissenswertes für Mentorinnen und Mentoren. ► http://www.vetsuisse.ch/wp-content/uploads/2011/11/09_05_06_Handbuch_Mentoring_MUG.pdf. Zugegriffen: 15. Febr. 2018.

Wehrle, M. (2016). *Die 500 besten Coaching-Fragen: Das große Workbook für Einsteiger und Profis zur Entwicklung der eigenen Coaching-Fähigkeiten*. Bonn: ManagerSeminare.

Weidenmann, B. (2006). *Erfolgreiche Kurse und Seminare*. Weinheim: Beltz.

Weidenmann, B. (2011). *Update für Trainer*. Bonn: Edition Manager Seminare.

Berichte aus drei erfolgreichen Projekten

4.1   Reverse Mentoring in der BayWa AG – 70
4.1.1   Großer Nutzen in vielen Unternehmensbereichen – 70
4.1.2   Hohe Flexibilität in Zeitrahmen und Inhalten – 71
4.1.3   Hochwertige Personal- und Organisationsentwicklung – 71
4.1.4   Mentoren und Mentees profitieren – 72
4.1.5   Führungsebenen für das Programm gewinnen – 74
4.1.6   Wichtige Voraussetzungen für erfolgreiches Reverse
        Mentoring – 75
4.1.7   Planung und Ablauf eines Reverse Mentoring-Programms – 76
4.1.8   Interview mit der Programmverantwortlichen – 78

4.2   Mentoring am Übergang vom Studium
        in den Beruf – 79
4.2.1   „Man sieht den Wald vor lauter Bäumen nicht!" – 80
4.2.2   Motivation und Erwartungshaltungen der Teilnehmer – 81
4.2.3   Rekrutierung der Mentoren und Mentees – 82
4.2.4   Matching – 83
4.2.5   Inhalt der Gespräche und Entwicklung der Beziehung – 83
4.2.6   Was macht erfolgreiches Mentoring aus? – 84
4.2.7   Mentoring als Recruiting-Instrument – 88

4.3   Kein Sprung ins kalte Wasser:
        Peer-to-Peer-Mentoring – 89
4.3.1   Peer-to-Peer-Mentoring als Onboarding-Instrument – 90
4.3.2   Das Besondere an Peer-to-Peer-Mentoring – 91
4.3.3   Was sind positive Effekte von Peer-to-Peer-Mentoring? – 93
4.3.4   Erfolgsfaktoren für Peer-to-Peer-Mentoring – 94
4.3.5   Fazit: Peer-to-Peer-Mentoring lohnt sich! – 97

        Literatur – 98

© Springer Fachmedien Wiesbaden GmbH, ein Teil von Springer Nature 2019
S. Pflaum, L. Wüst, *Der Mentoring Kompass für Unternehmen und Mentoren*,
https://doi.org/10.1007/978-3-658-22530-8_4

4

4.1 Reverse Mentoring in der BayWa AG

Gerade im Hinblick auf die aktuellen Themen Digitalisierung, Social Media und die zu den neuen Führungskräften heranwachsende Generation Y – die sogenannten „Digital Natives" – erlangt das Reverse-Mentoring als Personalentwicklungs-Instrument in den letzten Jahren immer größere Bedeutung.

Die Umkehr der Lernpyramide „Alt lehrt Jung" erfährt ihren Sinn vor allem darin, dass das heute in Unternehmen notwendige Wissen, um die Transformation ins digitale Zeitalter meistern zu können, eben nicht mehr allein bei den erfahrenen und älteren Führungskräften oder Vorständen in Spitzenpositionen liegt, sondern ein breiter und umfassender Kenntnis- und Erfahrungsschatz oft in den hierarchisch weitaus niedrigeren Stellen und Personen angesiedelt ist.

Basierend auf der Idee von General Electric CEO Jack Welch im Jahr 1999, verhilft das Reverse Mentoring seitdem nicht nur diversen anderen US-amerikanischen Unternehmen wie Hewlett Packard, Dell, Cisco oder IBM zu einem wachsenden digitalen IQ, mittlerweile sorgt es auch bei immer mehr deutschen Konzernen wie beispielsweise der Lufthansa, Merck, Deutsche Telekom, Bosch und der BayWa AG für die hierarchieübergreifende Vernetzung einer lernenden Organisation.

Wollte Jack Welch damals noch ganz schlicht und einfach die Defizite bei seinen rund 500 Führungskräften im Bereich der neuen Technologien beheben, indem er sie mit jüngeren Mitarbeitern zu Paaren zusammenführte und schulen ließ, sind Reverse Mentoring-Programme heute häufig weit umfassender gedacht und in größere Projekte zur Führungskräfte-Entwicklung oder ganze Change-Management Konzepte eingebettet.

4.1.1 Großer Nutzen in vielen Unternehmensbereichen

Gerade bezüglich der Führungskräfte-Entwicklung lassen sich jetzt schon konkrete Nutzen hinsichtlich bestehender Defizite – nicht nur im Bereich der Digitalisierung – feststellen. Einer Studie der Hochschule Rhein Main zufolge handelt es sich hierbei um folgende fünf Schwerpunkte, bei denen Führungskräfte noch deutliche Wachstumspotenziale aufweisen:

1. Offene Kommunikation: 35 % haben hier Mängel
2. Sicherer Umgang mit sozialen Medien: 30 % tun sich schwer
3. Regelmäßiges offenes Feedback: 29 % sind überfordert
4. Transparenz: 28 % wissen nicht, wie
5. Offenheit für Kritik: 26 % wollen das lieber nicht

Weitere interessante Aspekte, für die sich das Reverse Mentoring als Entwicklungsmöglichkeit anbietet, sind die Bereiche Arbeitsorganisation, Führungsverhalten, Recruiting-Methoden, Onlinemarketing und neue Geschäftsmodelle (Schüller 2017).

Im Gebiet Personal und Recruiting hat auch ein Mentor im aktuellen Reverse Mentoring Pilotprogramm der BayWa AG sehr positive Erfahrungen gemacht. Als Software-Entwickler kann er mit seiner Erfahrung und Stärke im digitalen Umfeld punkten und findet das Mentoring mit seinem Mentee, der Leiterin Corporate HR und Führungskraft der ersten Ebene im Bereich Personal, sehr spannend, da gerade hier die Innovation derzeit besonders groß sei.

„Personalfindung ist zunehmend eine immer größere Herausforderung. Es gibt zahl-reiche neue Plattformen, die klassische Bewerbung verschwindet immer mehr und auch die Anforderung an die Mitarbeiter ändert sich. Dies teilen zu können und hier wertvollen Input zu geben ist schön, vor allem wenn man darüber mit jemandem spricht, der auch zuständig ist und Entscheidungen treffen kann, mit denen durch digitale Entwicklungen der Beruf schmackhafter gemacht wird und die einen echten Mehrwert für neue Mitarbeiter und das Unternehmen bieten."

Julian Schroeter, Mentor und Software-Entwickler bei der BayWa-Tochter FarmFacts GmbH

4.1.2 Hohe Flexibilität in Zeitrahmen und Inhalten

Ein großer Vorteil des Reverse Mentoring gegenüber klassischen Schulungsmaßnahmen zu neuen Technologien liegt auch in der weit größeren Flexibilität bezüglich zeitlicher und inhaltlicher Gestaltung. Mentor und Mentee legen gemeinsam passende Termine und Themen fest, an denen sie arbeiten und können im Rahmen des engeren Vertrauensverhältnisses auch oft mehr und sensiblere Themen besprechen, als es in einer großen Gruppe möglich wäre.

Ist die Führungskraft ganz aktuell plötzlich mit einem neuen Thema konfrontiert, kann auch spontan ein Termin mit dem jungen Mentor vereinbart werden und zeitnah ein Informations- und Erfahrungsaustausch hierzu stattfinden.

Dabei geht es längst nicht mehr nur darum, Führungskräfte und Top-Manager dabei zu unterstützen in der neuen Technologie-, Internet- und Social media-Welt anzukommen. Vielmehr noch lernen im umgekehrten Mentoring die „alten Hasen" auch völlig neue Sichtweisen auf den ständig fortschreitenden Wandel unserer Geschäftswelt kennen, erfahren von neuen Vernetzungsmöglichkeiten sowohl unternehmensübergreifend als auch intern und profitieren von einer deutlich offeneren und hierarchieärmeren Kommunikation. „Neben der formalen Weitergabe von fachlichen IT-Kenntnissen und dem Austausch von eigenen Erfahrungen spielt informelles Lernen, die Reflexion des eigenen Verhaltens und die unterschiedlichen Sichtweisen verschiedener Generationen eine zentrale Rolle" (Niemeier 2017). So können auch gewohnte und althergebrachte Kommunikations- und Arbeitsweisen nochmals durchleuchtet, reflektiert und an die Erfordernisse des digitalen Zeitalters angepasst werden.

4.1.3 Hochwertige Personal- und Organisationsentwicklung

Damit zeigt sich Reverse Mentoring in der Praxis nicht nur als hilfreiches und wirksames Lern- und Personalentwicklungsinstrument, sondern kann sogar weitreichende Auswirkungen auf das komplette Unternehmen haben und damit strukturelle und kulturelle Organisationsentwicklungs-Prozesse effektiv befördern.

Dabei ist der direkte Austausch zwischen Basis und Top-Management im umgekehrten Lehrer-Schüler-Verhältnis des Reverse Mentoring ein nicht zu unterschätzender Faktor der persönlichen Führungs- aber auch Organisationsentwicklung.

„Jede Strategie ist nur so gut wie das operative Geschäft. In einer gewachsenen Hierarchie ist es sicher wichtig, seine Position zu kennen. Letztlich ist aber jeder Manager nur so

gut, wie die Information die er von unten bekommt, deshalb sollte eine gute Führungskraft auch über Weitblick verfügen anstatt ausschließlich Micromanagement zu betreiben. Nur so ist Weiterentwicklung im Unternehmen möglich."

Julian Schroeter, Mentor und Software-Entwickler FarmFacts GmbH

So ist es durchaus nicht unüblich, dass bereits in den ersten Mentoring-Treffen bei der Themenfindung schon konkrete Ideen und Denkanstöße besprochen werden, welche Anwendungen oder Technologien für die jeweiligen Bereiche interessant sein könnten.

„Führungskräfte sind sehr schnell daran interessiert, ob und wie sie diese Möglichkeiten dieser neuen Werkzeuge für ihre eigene Arbeit einsetzen können. Häufig fangen die Führungskräfte dann auch an, gemeinsam mit ihren Mentoren gezielt Nutzungsszenarien aufzusetzen" (Vujnovic 2014a).

Im Reverse Mentoring Pilot-Programm des Handels- und Dienstleistungskonzerns BayWa AG wurden junge und aufstrebende Mitarbeiter aus unterschiedlichsten Unternehmens-Bereichen als Mentoren für Mitglieder der ersten Management-Ebene eingesetzt und erste Erfolge für Mentoren, Mentees und viele Bereiche der gesamten Organisation zeigten sich bereits nach wenigen Monaten. Susan Berger aus dem Bereich Corporate HR/HR Strategie der BayWa AG und verantwortlich für das Pilotprojekt, war überrascht, wie viele gute Feedbacks sie bereits nach den ersten Mentoring-Terminen von beiden Seiten, Mentoren sowie Mentees, erhalten hat.

„Alle Beteiligten haben sich durchwegs positiv zu den ersten Treffen geäußert. Ich bin sehr froh, dass wir hier offensichtlich wirklich gut passende Matches gefunden haben und jetzt schon beide Seiten von unserem Programm profitieren."

Susan Berger, Corporate HR/HR Strategie und verantwortlich für das Reverse-Mentoring - Programm der BayWa AG

Dabei wurde auch deutlich, dass das Pilotprogramm nicht nur für Mentoren und Mentees als sehr förderlich und inspirierend erlebt wird, sondern oft schon von Beginn an tatsächliche Lösungen für aktuelle Themenstellungen eröffnete.

So berichtete zum Beispiel ein Mentee bei seinem Reverse Mentoring Treffen von einem operationalen Problem, das durch die Anschaffung eines neuen und durchaus kostenintensiven Tools behoben werden sollte. Durch ihre frühere Erfahrung in anderen Firmen konnte die Mentorin in diesem Fall den Hinweis geben, dass ein bereits im Unternehmen vorhandenes Programm die Anforderungen ebenso erfüllen könnte. Durch die hierarchisch hohe Position des Mentees konnte dann wiederum kurzfristig und unbürokratisch diese Möglichkeit in die Prüfung gehen, um dem Unternehmen letztlich bares Geld zu sparen.

„Das ist ein klassisches Problem in großen Unternehmen. Oft können die Entscheider gar keinen umfassenden Überblick mehr haben, was an Tools und Technologien schon im Unternehmen eingesetzt wird. Und dann ist es schwieriger konkret danach zu fragen."

Corinna Riederer, Senior Online Marketing Manager und Mentorin BayWa AG

4.1.4 Mentoren und Mentees profitieren

Umgekehrt kommt der Austausch über verschiedenste Themen im direkten Kontakt mit den führenden Hierarchieebenen natürlich auch den jungen Mentoren und damit in der Konsequenz wieder dem gesamten Unternehmen zugute. So berichtet beispielsweise ein weiterer Mentor im Programm der BayWa AG, wie er im Zuge des Mentoring eine innovative Lösung deutlich schneller vorantreiben konnte, da er durch die Kontakte seines

Mentees aus der ersten Management-Ebene sofort in Verbindung mit der benötigten entsprechenden Entscheider-Position im Unternehmen gebracht wurde. „Sprich nicht mit dem Indianer, sondern gleich mit dem Häuptling" habe sein Mentee zu ihm gesagt, sogleich auch den entsprechenden Kontakt vermittelt und so ging das Projekt des Mentors schnell und unkompliziert seinen Weg.

„Hier kann Reverse Mentoring sicher auch dabei helfen, einen effizienten und hierarchieunabhängigen Austausch zu schaffen. Ideen können so schneller geprüft oder umgesetzt werden."

Yannik Henssler, Projektmanager Corporate Marketing und Mentor bei der BayWa AG

Diese Erfahrung ist bezeichnend für den Mehrwert, den junge Mentoren in Reverse Mentoring Prozessen erfahren.

„Sie bekommen Sichtbarkeit im Unternehmen, verbreitern ihre fachlichen und zwischenmenschlichen Kompetenzen, erweitern ihr persönliches Netzwerk, gewinnen direkten Zugang zur Unternehmensspitze und pushen damit auch ihren Karriereweg" (Schüller 2017).

Auch die eigene Fachlichkeit wird gestärkt. Zwar werden die Mentoren aufgrund bestimmter Qualifikationen und Erfahrungen mit Digitalisierungs- und Technologiethemen ausgewählt, jedoch wird es in jedem Mentoring Prozess auch für sie immer wieder empfehlenswert sein, ihr Wissen zu erweitern oder zu vertiefen.

Zudem kann der direkte und vertrauensvolle 4-Augen-Kontakt mit dem oberen Management völlig neue Sichtweisen auf Personen, aber auch auf relevante Unternehmensentscheidungen eröffnen und auf lange Sicht damit zu einer deutlich stärkeren Identifikation und Verbundenheit mit dem Unternehmen führen.

„Mir ist noch einmal deutlich geworden, dass auch die hochrangigen Führungskräfte immer noch Menschen wie wir sind und man sehr interessante Gespräche mit ihnen haben kann. Ich habe jetzt nicht mehr das Gefühl, dass sie sehr weit entfernt sind, man lernt, den anderen besser einzuschätzen."

Raphaela da Costa von Gehlen, Junior Investor Relations Manager und Mentorin BayWa AG

Zuletzt erfahren die Mentoren im Reverse Mentoring eine hohe Wertschätzung. Zum einen dadurch, überhaupt für die Funktion eines Mentors angefragt zu werden, zum anderen aber auch durch das vertrauensvolle Verhältnis mit dem deutlich erfahreneren Mentee, der von ihnen lernt und ihre Ratschläge annimmt.

„Ich habe sehr viel Spaß daran, meinem Mentee etwas Neues und zusätzliche Themen zu vermitteln und dadurch auch selbst mein Netzwerk ausbauen zu können. Auch dass ich als Mentor angefragt wurde, macht mich stolz. Wenn im Unternehmen jemand auf einen zukommt und sagt, dafür bist Du genau der Richtige, dann ist das für mich eine hohe Wertschätzung."

Yannik Henssler, Projektmanager Corporate Marketing und Mentor bei der BayWa AG.

So weit, so gut, der Profit der „Jüngeren" ist auch beim klassischen Mentoring gegeben und mittlerweile in zahlreichen Studien klar nachweisbar. Doch wie sieht es im Reverse Mentoring mit den Mentees, den „weisen Älteren" aus? Können auch diese tatsächlich einen spürbaren Mehrwert aus solchen Programmen ziehen? Lassen sich tatsächlich auch langjährige und erfahrene Führungskräfte offen und ehrlich auf Ratschläge der aufstrebenden neuen Generation ein? Nehmen sie die Inputs von Berufseinsteigern wirklich ernst und erleben diese als hilfreich? Auch über Themen wie Facebook, Twitter und ähnliche Social-Media-Instrumente hinaus?

4

Neben der Möglichkeit, die digitale Medienkompetenz durch Inspirationen und Informationen deutlich zu verbessern, sind als Mehrwert für die Mentoren vor allem die bereits erwähnten hierarchie- sowie bereichsübergreifenden Inputs für laufende oder anvisierte Projekte zu nennen. Im direkten Austausch mit den „digital Natives" werden bei vielen Führungskräften im Gespräch auch Ängste, Hemmnisse und Zweifel gegenüber neuen Wegen abgebaut und neue Sichtweisen gewonnen.

„Mein Mentee hat mir gespiegelt, dass unsere Treffen für sie sehr wertvoll sind. In Sachen Social Media hat sie schon erste Erfahrungen gesammelt, gemeinsam haben wir nun noch ihr LinkedIn Profil überarbeitet. Derzeit beschäftigen sie Themen wie neue Arbeitsweisen zum Beispiel im Home Office sehr stark. Sie denkt inzwischen viel mehr auch im großen Rahmen darüber nach, wie die Gesellschaft in der Zukunft aussehen könnte und was dann auch für das Unternehmen und ihren Bereich wichtig sein wird."

Raphaela da Costa von Gehlen, Junior Investor Relations Manager und Mentorin BayWa AG

Auch die Führungskompetenz wird erweitert, indem man direkt und ehrlich erfährt, wie die neue Generation geführt werden möchte und welche Kriterien für die jüngeren Mitarbeiter ausschlaggebend sind, um im Job zufrieden, motiviert und leistungsbereit zu bleiben. Einblicke in Vorgehensweisen anderer Unternehmen und Hinweise auf mögliche Unzufriedenheit an der Basis können ebenfalls zusätzliche wertvolle Inputs im Reverse Mentoring sein.

„Mein Mentee ist sehr interessiert an den Erfahrungen, die ich in anderen Firmen gemacht habe und Einblicke in deren Wege zu erhalten oder zu erfahren, wie Probleme dort angegangen wurden. Auch besprechen wir regelmäßig Themen, die aktuell in meiner Abteilung wichtig sind, ebenso wie mögliche Reibungspunkte im Unternehmen, die man vielleicht angehen sollte."

Corinna Riederer, Senior Online Marketing Manager und Mentorin BayWa AG.

4.1.5 Führungsebenen für das Programm gewinnen

So erlebte man auch in der BayWa AG eine große Offenheit und Bereitschaft in den oberen Management-Ebenen, an dem Pilotprogramm zum Reverse Mentoring teilzunehmen. Ohne auf irgendwelche Hierarchie- oder Positions„dünkel" zu stoßen, konnten sehr schnell acht Mentees aus den obersten Hierarchieebenen des Unternehmens mit jungen Mentoren gematcht werden.

„Wir haben seitens HR einfach eine E-Mail an die erste Führungsriege verschickt und das Programm beworben. Daraufhin erhielten wir sofort interessierte Rückmeldungen, sodass es recht einfach war, acht Tandems für den Piloten zusammenzubekommen."

Susan Berger, Corporate HR/HR Strategie und verantwortlich für das Reverse-Mentoring - Programm der BayWa AG

Diese offene Haltung der Führungskräfte spiegelte sich auch in den ersten Mentoring-Terminen wieder. Alle von uns befragten Mentoren schilderten als einen der für sie bedeutsamsten Momente im Reverse Mentoring zuerst die große Offenheit der Mentees für alles Neue und die Möglichkeiten, auch einmal andere Wege zu gehen als die bisher bekannten, ebenso wie eine hohe Lernbereitschaft und Akzeptanz der neuen Rollen außerhalb des normalen Hierarchiegefüges.

„Ich schätze es sehr, dass in unseren Mentoring-Terminen unter vier Augen auch Themen angesprochen werden, die sonst nur unter Eingeweihten bleiben. Besonders freut es

mich, dass ich wirklich oft nach meiner Meinung zu sehr vielen unternehmensrelevanten Themen gefragt werde, nicht nur im Hinblick auf Digitalisierung."

Corinna Riederer, Senior Online Marketing Manager und Mentorin BayWa AG

Mögliche anfängliche Ängste der Mentoren davor, jetzt ein „Lehrer" für eine weit erfahrenere Person in einer Spitzenposition des Unternehmens zu sein, konnten so auch sehr schnell abgebaut werden. Dies gelingt natürlich nur in einer offenen und vertrauensvollen Atmosphäre zwischen Mentor und Mentee und mit gleichermaßen ausgeprägtem Engagement auf beiden Seiten.

„Ich fand es toll, wie ernst mein Mentee alle neuen Anregungen genommen hat und wie engagiert besprochene Themen in Vorbereitung auf die Treffen bearbeitet wurden, obwohl die Zeit dafür in ihrer Position sicher mehr als knapp bemessen ist".

Raphaela da Costa von Gehlen, Junior Investor Relations Manager und Mentorin BayWa AG.

Wenn gleich zu Beginn solch hierarchisch hoch angesiedelte Führungskräfte gewonnen werden können, stellt man damit natürlich auch die Weichen für den weiteren Erfolg von Reverse Mentoring-Programmen, denn die Chancen, dass weitere Führungskräfte nachziehen, steigen rapide.

„So wurden bei der österreichischen Bank Austria in der ersten Programmrunde den acht Vorständen der Bank acht Millennials zugeordnet. In der zweiten Runde kamen 30 Manager der zweiten und dritten Führungsebene mit jungen Mitarbeitern zusammen, die zu dem Zeitpunkt nicht älter als 35 Jahre waren. Diese gehörten entweder dem Talentpool der Bank an oder nahmen an dessen Graduate-Programm teil" (Schüller 2017).

4.1.6 Wichtige Voraussetzungen für erfolgreiches Reverse Mentoring

Doch was gilt es zu beachten, damit von Reverse Mentoring auch wirklich beide Seiten und im besten Fall auch noch die gesamte Organisation und Unternehmenskultur profitieren?

Es gibt einige Grundvoraussetzungen, die maßgeblich zum Erfolg eines Reverse Mentoring beitragen:

„Es darf keine Konkurrenzsituation und keine hierarchische Abhängigkeit bestehen, Zuverlässigkeit, Integrität, Offenheit und Ehrlichkeit sind ein Muss. Zudem braucht es Freiwilligkeit auf beiden Seiten verbunden mit absoluter Diskretion. Die Akteure müssen menschlich zueinander passen wie auch Vertrauen und Respekt füreinander besitzen. Sie betrachten sich als gleichwertig und begegnen sich auf Augenhöhe" (Schüller 2017).

Gerade die Freiwilligkeit ist hier ein wichtiger Faktor. Die beiden wichtigen Stellhebel in jedem Mentoring Prozess, Vertrauen und Offenheit, können nicht gewährleistet werden, wenn eine Verpflichtung oder gar ein Zwang zur Teilnahme an dem Programm besteht. Zudem hilft es jüngeren Mentees auch, mögliche Ängste oder Bedenken dem erfahreneren und hierarchisch höher angesiedelten Mentee gegenüber abzubauen.

„Ich hatte diesbezüglich keine Bedenken, weil ich wusste, dass wir beide freiwillig hier sind. Damit war schon beim ersten Treffen klar, wenn wir gemeinsam was machen wollen, dann tun wir es und wenn nicht dann nicht. Und wenn es für eine Seite nicht mehr passt, dann haben wir auch die Freiheit, das Mentoring einfach zu beenden."

Yannik Henssler, Projektmanager Corporate Marketing und Mentor bei der BayWa AG

4

4.1.7 Planung und Ablauf eines Reverse Mentoring-Programms

1. Vorbereitung

Eine gute Vorbereitung ist empfehlenswert, wenn ein solches Programm erstmals im Unternehmen eingeführt werden soll. Hierzu empfiehlt es sich, zunächst einmal zu eruieren, welche Themen konkret für die Entwicklung der Führungskräfte, aber auch für das gesamte Unternehmen aktuell relevant sind. Daraufhin können dann gezielt Mentoren mit entsprechendem Fachwissen identifiziert und ausgewählt sowie interessierte Führungskräfte als Mentees gewonnen werden. Auch die Abklärung der Erwartungshaltung beider Seiten spielt eine zentrale Rolle, um dies im Matching der Parteien berücksichtigen zu können und Enttäuschungen zu vermeiden.

Auftaktveranstaltungen, in denen sich alle Teilnehmer des Programms kennenlernen und schon einmal gegenseitig „beschnuppern" können, machen ebenfalls Sinn und werden von den Beteiligten oft als Mehrwert angesehen. Ebenso kann für ganz neue Mentoren auch ein Einstiegs-Seminar zum Thema angeboten werden, um grundsätzliche Fragen zu klären, wichtige Basics zum Mentoring zu erfahren und insgesamt eine Basisqualifikation zum Mentor zu erlangen.

2. Matching

Beim Matching von Mentor und Mentee sollte zuallererst unbedingt wieder die hierarchie- und abteilungsübergreifende Kombination und der Ausschluss von Abhängigkeiten beachtet werden. In der Regel werden die Paare von zentraler Stelle wie Personal und HR Bereichen zusammengebracht. Zu empfehlen sind dabei erste kurze Treffen zum Kennenlernen, bei denen abgeklärt werden kann, ob Mentor und Mentee sowohl thematisch, als auch menschlich gut zusammenpassen.

Der Mentor sollte seine Expertise auf dem vom Mentee angefragten Gebiet haben, letztlich entscheidet jedoch vor allem die „Chemie", also das Miteinander der beiden Beteiligten darüber, ob sie als Paar zusammenkommen. Denn nur wenn beide Seiten das Gefühl haben, völlig offen und vertrauensvoll miteinander interagieren zu können, kann Reverse Mentoring wirklichen Mehrwert erzeugen.

Daher entscheiden am Ende auch Mentoren und Mentees selbst, mit wem sie zusammenarbeiten wollen und ob das vorgeschlagene Match für sie passt.

3. Themen

Je mehr Offenheit in den Themen erlaubt ist, desto größer wird die Möglichkeit von dem Prozess maximal zu profitieren. Traditionsgemäß sind die vorherrschenden Themen im Reverse Mentoring Digitalisierung, soziale Netzwerke, Apps und neue Technologien. Sich darauf zu beschränken oder dabei rigide Vorgaben von organisationaler Seite zu machen, wäre jedoch verkehrt. Hier sollte von allen Seiten eine große Offenheit mit in den Prozess getragen werden. Sonst könnten sich Mentoren, die sich speziell auf den Informationstransfer von Social Media vorbereitet haben, ganz plötzlich in einer ziemlich hilflosen Situation vorfinden, wenn der Mentee dann speziell daran keinerlei Interesse zeigt, keinen Bedarf dafür im privaten wie auch beruflichen Umfeld sieht oder sich bereits hervorragend damit auskennt und eben nicht der erwartete „digitale Neandertaler" ist. Auch für aktuelle Themen oder Fragestellungen, die der Mentee aus seinem Berufsalltag mitbringt, sollte immer Platz im gegenseitigen Austausch sein.

Wenn im Rahmen des Programms eine grobe Themenrichtung vorgegeben ist, empfiehlt es sich, im Erstgespräch vorhandene Wissensstände und persönliche Interessen und Bedürfnisse für die eigene Tätigkeit beim Mentee abzufragen.

„Unser Pilot läuft ja unter dem Themenschwerpunkt Digitalisierung. Deshalb habe ich gleich beim ersten Treffen gefragt, was der Mentee konkret unter diesem Hauptbegriff versteht, wo er darin sich und mögliche eigene Defizite sieht und wo seine Interessensschwerpunkte liegen. So konnten wir uns gleich von Beginn an viel spezifischer unterhalten und leichter konkrete Themen zur Bearbeitung finden.“
Julian Schroeter, Mentor und Software-Entwickler bei FarmFacts GmbH

4. Was muss der Mentor mitbringen?
Der wichtigste Faktor für Mentoren und Mentees im Reverse Mentoring ist eindeutig Offenheit. Für neue Themen, neue Menschen und neue Perspektiven. Auch Empathie, das ehrliches Einfühlungsvermögen für andere Ansichten, Erfahrungen und persönliche Problemstellungen ist ein ebenso hilfreiches Instrument im gemeinsamen Prozess wie Kommunikationstalent und Neugier.

In seinem Fachbereich sollte der Mentor über ein umfassendes Fachwissen und gewisse Erfahrungswerte verfügen, hier ist es jedoch nicht ausschlaggebend, dass diese mit besonders vielen Berufsjahren hinterlegt sind. Denn dies ist ja gerade kennzeichnend für das Reverse Mentoring, es besteht beim Mentor keine langjährige, dafür aber meist eine umso tiefere und vor allem praktische Erfahrung mit neuen Medien, Tools, Arbeitsweisen und weiteren Innovationen.

„Die Berufserfahrung ist hier meiner Meinung nach nicht ausschließlich wichtig. Es kann jedoch von Vorteil sein, wenn man zumindest schon 1–2 Jahre im Unternehmen ist, dann können interne Abläufe, Prozesse und die Kultur besser eingeschätzt werden. Aber selbst wenn ganz frisch von der Uni, kann es im Reverse Mentoring spannend sein, weil dann noch freigeistigere Ideen eingebracht werden und der Mentor eben völlig unabhängig von den Unternehmensstrukturen denkt.“
Yannik Henssler Projektmanager Corporate Marketing und Mentor bei der BayWa AG.

Ehrlichkeit, Zuverlässigkeit, eine gewisse persönliche Reife und auch ein Stückchen Mut tragen ebenfalls zum Gelingen des Mentoring-Prozesses bei. In Sachen Kommunikation zählen aktives Zuhören und echte Anteilnahme zu den wichtigsten Skills und schulen gleichzeitig auch diese Führungsqualitäten bei der jüngeren Generation.

„Die Fähigkeit, gute Gespräche zu führen und aktiv zuzuhören ist gefühlt leider oft nicht mehr sehr weit verbreitet. Doch gerade die Aufmerksamkeit einem anderen Menschen gegenüber und ihm wirklich zuhören zu können, das sind für mich sehr wichtige Führungsqualitäten, die im Mentoring stark geschult werden. Besonders in der kurzen Zeit, die man im Gespräch zur Verfügung hat.“
Corinna Riederer, Senior Online Marketing Manager und Mentorin BayWa AG

Zu beachten ist weiterhin, dass manchmal geschlechterspezifische alte Rollenbilder und unterschwellige Konflikte in Reverse Mentoring Prozessen eine Rolle spielen können.

„Generationenkonflikte haben viele Facetten, die zum Teil auch durch reine Biochemie erklärt werden können. Einerseits gibt es den Vater-Sohn-Komplex, der ja auch bei Unternehmensnachfolgethemen eine ursächliche Rolle spielt. Findet das Reverse Mentoring geschlechterübergreifend statt, ist zudem zu beachten: Für ein ausgeprägtes Alphagehirn sind jüngere Frauen vor allem eins: Beute oder Beta. Beide Facetten müssen im Rahmen der Mentee-Vorbereitung, auch wenn vielleicht unangenehm, klipp und klar angesprochen werden" (Schüller 2017).

4

Wichtig hierbei ist es, die richtige Balance im Umgang mit diesen Themen zu finden. Werden sie zu hoch aufgehängt, können möglicherweise Barrieren, Ängste oder Unwohlsein erst entstehen, das vielleicht gar nicht vorhanden gewesen wäre, weil keiner dieser unterschwelligen Konflikte bei Mentor oder Mentee überhaupt besteht. Blendet man die Möglichkeit aber komplett aus, kann es natürlich umgekehrt zu negativen Überraschungen und unangenehmen oder überfordernden Situationen für die Mentoren führen. Wir empfehlen daher, das Thema in der Einführungsveranstaltung oder Schulung für die Mentoren kurz anzusprechen und ein gewisses Bewusstsein dafür zu erzeugen, sich dann aber auch wieder ganz darauf zu konzentrieren, wie man möglichst offen und ohne Vorbehalte in ein gutes Vertrauensverhältnis mit dem Mentee einsteigen kann.

5. Ablauf

Nach einer sorgfältigen Vorbereitung mit Erstellung eines Konzepts, der Auswahl der Themen, dem Finden und Qualifizieren der Mentoren und dem Gewinnen der Führungskräfte als Mentees sowie einem erfolgreich abgeschlossenen Matching beider Parteien kann ein Reverse Mentoring-Programm entweder als zeitlich begrenztes Projekt, als Pilotprogramm wie bei der BayWa AG oder direkt in den Regelprozess im Rahmen einer Führungskräfte-Qualifikation oder Organisationentwicklungs-Maßnahme eingebunden werden.

Wichtig hierbei ist es, den Mentoren regelmäßige Austausch-Treffen, Foren oder Communities zur Verfügung zu stellen. Auch umfassende Get-Together-Veranstaltungen mit allen Mentoren und Mentees können wertvolle Einblicke in die Erfahrungen der Kollegen und neue Anreicherungen für die eigenen Prozesse liefern. Die initiierende Abteilung oder Stelle im Unternehmen sollte eine kontinuierliche Begleitung bieten und Anlaufstelle für alle sich im Prozess ergebenden Frage- oder Problemstellungen von Mentoren und Mentees sein.

Auch eine begleitende interne und gegebenenfalls sogar externe Kommunikation als Marketing-Instrument empfiehlt sich von Beginn an als flankierende Maßnahme, ebenso wie eine kontinuierliche Dokumentation und Evaluation der Erfolge und Ergebnisse. Bei zeitliche begrenzten Reverse-Mentoring Prozessen in Projektform oder Pilotprogrammen sollte auf jeden Fall auch eine ausführliche Abschluss-Evaluation und Dokumentation stattfinden, um über weitere Schritte, die mögliche Einbindung in Regelprogramme oder einen finalen Abschluss des Projektes gut entschieden werden kann.

4.1.8 Interview mit der Programmverantwortlichen

Susan Berger, Corporate HR/HR Strategie

Frau Berger, was hat Sie dazu bewogen, Reverse Mentoring als Pilot Programm bei der BayWa einzuführen?

„Wir wollten damit in erster Linie die Führungskräfte dabei unterstützen, sich in der neuen Social Media Welt zurechtzufinden. Zudem möchten wir damit auch einen weiteren Schritt zur digitalen Kultur gehen und einen wertvollen Dialog und Austausch verschiedener Generationen fördern."

Nach welchen Kriterien wurden Mentoren und Mentees ausgewählt?

„Wir haben dieses Programm unserem Chief Digital Officer vorgestellt, der sofort begeistert war und uns ad hoc Mitarbeiter aus seinem Bereich (Digital Farming) als Mentoren nannte. Diese jungen Mitarbeiter sind bedingt durch ihre Tätigkeiten täglich als digitale Experten unterwegs. Zum anderen erlangt ein noch recht junger Bereich mehr Sichtbarkeit innerhalb des Konzerns."

Wie schwer oder leicht war es, Mentees aus der ersten Führungsebene für dieses Programm zu gewinnen?

„Für die Mentees haben wir seitens HR eine E-Mail an die erste Führungsriege verschickt und das Programm beworben. Wir erhielten sofort interessierte Rückmeldungen, sodass es recht einfach war, acht Tandems für den Piloten zusammenzubekommen."

Wie zufrieden sind Sie mit dem bisherigen Verlauf des Projektes?

„Die Tandems sind nun seit einem halben Jahr am Laufen. In der Zeit habe ich bis zu drei Telefonate mit den jeweiligen Beteiligten geführt und durchwegs positive Rückmeldungen erhalten. Wir, seitens HR, sind auch mit den Rückmeldungen zu den Inhalten sehr zufrieden. Es zeigt sich, dass Social-Media-Themen eher der Gesprächsöffner sind, es im Verlauf aber doch vielmehr zum Austausch verschiedener Ansichten und Erwartungen kommt."

Welchen Mehrwert wird die BayWa AG als Unternehmen Ihrer Meinung nach aus dem Reverse Mentoring-Programm ziehen können?

„Strukturelle Veränderungen, wie zum Beispiel die Digitalisierung, aber auch die Generationenvielfalt stellen uns vor große Herausforderungen. Verschiedene Generationen bringen auch unterschiedlich Einstellungen in das Arbeitsleben ein. Am wertvollsten sehen wir daher den Austausch zweier verschiedener Generationen, um dadurch ein Bewusstsein und Wertschätzung für die vorhandene Vielfalt zu schaffen. Unterschiedliche Fähigkeiten und Talente bieten Chancen für innovative und kreative Lösungen."

Was würden Sie anderen Unternehmen raten oder mit auf den Weg geben, die mit dem Gedanken spielen, Reverse Mentoring einzuführen?

„Wir halten Reverse Mentoring für ein sehr effektives Instrument der Personalentwicklung – der Wissenstransfer ist nicht einseitig. Die jungen Mentoren sammeln kommunikative Erfahrungen und erfahren Sichtbarkeit und Wertschätzung als Experten auf ihrem Fachgebiet. Die Mentees profitieren neben dem Thema Digitalisierung auch enorm vom Austausch mit der jüngeren Generation. Auch ein riesiges Plus ist die Flexibilität, hinsichtlich zeitlicher und inhaltlicher Ausgestaltung.

Wir würden immer empfehlen, mit einem Piloten zu starten, also einer überschaubaren Anzahl an Tandems. Das macht es deutlich leichter, immer wieder Kontakt zu halten. Als Vorbereitung auf das Programm ist es ratsam, die Mentoren durch eine Schulung auf ihre Rolle vorzubereiten."

4.2 Mentoring am Übergang vom Studium in den Beruf

Dieser Beitrag von Stephan Pflaum erschien in ähnlicher Form in: Edelkraut, Frank; Graf, Nele (2017): Mentoring. Das Praxishandbuch für Personalverantwortliche und Unternehmen. Berlin: Springer/Gabler. Die darin verwendeten Daten entstammen dem folgenden Promotionsprojekt: Pflaum, Stephan (2016): Mentoring beim Übergang vom Studium in den Beruf: Eine empirische Studie zu Erfolgsfaktoren und wahrgenommenem Nutzen. Springer/VS: Wiesbaden.

Die Ludwig-Maximilians-Universität München ist mit mehr als 50.000 Studierenden und einer über 500-jährigen Tradition eine der weltweit führenden Universitäten.

Student und Arbeitsmarkt (▶ www.s-a.lmu.de) ist der Career Service der LMU. Die Organisation unterstützt Studierende mit zahlreichen Angeboten dabei, ihren Berufseinstieg vorzubereiten, ihre sozialen Kompetenzen auszubauen, ihr fachliches Profil zu schärfen und bringt sie mit potenziellen Arbeitgebern in Kontakt. Das Mentoring-Programm ist eines der sehr erfolgreichen Projekte, die den Übergang vom Studium in den Beruf für Studierende aller Fachbereiche erleichtern.

4.2.1 „Man sieht den Wald vor lauter Bäumen nicht!"

Das scheint zur Einleitung das passende Sprichwort. Trotz des viel diskutierten Fachkräftemangels und eines in Folge zunehmend nachfragedominierten Arbeitsmarktes finden Absolventen und Unternehmen nicht immer leicht zueinander. Die Studierenden treffen auf ein für sie schwer durchschaubares Überangebot an Praktika, Traineeprogrammen und anderen Einstiegschancen. Auf der anderen Seite klagen Arbeitgeber darüber, dass Studierende neben beziehungsweise in ihrer akademischen Ausbildung nicht die gewünschten Akzente setzen und es häufig an persönlicher und sozialer Reife fehle. Vor allem angesichts dieser Entwicklung gewinnt Mentoring am Übergang vom Studium in den Beruf an deutschen Hochschulen zunehmend an Bedeutung. Auf der Webseite des deutschen Hochschulverbands findet sich eine stetig wachsende Anzahl universitärer Mentoring-Programme. Neben peer-to-peer-Mentoring sowie Angeboten für weibliche Karrieren in der Wissenschaft gibt es Programme, die fokussiert auf den Berufseinstieg den Kontakt zwischen Studierenden und berufserfahrenen Akademikern herstellen. Ursprünglich gedacht als Unterstützungsangebot für Absolventen der sogenannten Orchideenfächer, nutzen heute die Studierenden wirtschaftsnaher und naturwissenschaftlicher Fächer diese Angebote gleichermaßen für sich, um ihre beruflichen Einstiegs- und Karrieremöglichkeiten mithilfe eines Mentors besser einzuschätzen.

Im folgenden Beitrag wird verdeutlicht, warum Mentoring in diesem Sinne für alle Beteiligten, für Mentees, Mentoren und Unternehmen, ein vielversprechender Ansatz ist. Die hierfür herangezogenen Daten und Erfahrungsberichte stammen aus einer dreijährigen Panelstudie (Pflaum 2016) über das Mentoring-Programm der Ludwig-Maximilians-Universität München (▶ www.s-a.lmu.de/mentoring). Es handelt sich dabei um ein 2001 ins Leben gerufenes fakultäts-, branchen- und berufsübergreifendes Projekt. Vom Erstsemester bis zum Doktoranden nehmen Studierende aus allen Phasen des Studiums daran teil. Inzwischen beteiligen sich circa 800 Mentoren aus etwa 400 verschiedenen Unternehmen daran, die seitdem mehr als 1800 Studierende betreuen. Die meisten Mentoren (80 %) engagieren sich neben ihrem Beruf ehrenamtlich und unabhängig von ihrem Arbeitgeber. Daneben gibt es Unternehmen, die Mentoren aus den Reihen ihrer Mitarbeiter ins Programm entsenden, um so den direkten Kontakt zu potenziellen Bewerbern aus den Reihen der Mentees zu suchen.

In erster Linie zielt das Programm auf die Persönlichkeitsentwicklung der Mentees. Der Mentor soll die Studierenden mit seinem Feedback in ihren Plänen bestärken, ihr Selbstvertrauen stärken und sie beim Selbstmanagement im Studium, bei Bewerbungen oder bei der Wahl der richtigen Praktika unterstützen. Auch wenn es nicht das primäre Ziel des Mentorings ist, finden mehr als zwei Drittel der Mentees direkt oder indirekt über ihren Mentor ein Praktikum oder ihren ersten Job.

4.2.2 Motivation und Erwartungshaltungen der Teilnehmer

◘ Abb. 4.1 bietet einen Überblick der Erwartungshaltungen der Mentees und des Beratungsangebots der Mentoren. Diese Angaben machen beide im Vorfeld des Matching-Prozesses bei ihrer Online-Anmeldung. Wie die Grafik zeigt, steht auf beiden Seiten an erster Stelle das Thema der allgemeinen beruflichen Orientierung. Vielen Studierenden – auch aus den vermeintlich wirtschaftsnahen Fächern oder aus den Reihen der High-Potenzials – ist nicht bewusst, welche Chancen sie bei welchen Unternehmen und in welchen Berufen haben. Sowohl Mentees mit eher vagen als auch die mit präziseren beruflichen Vorstellungen schätzen ihre Kompetenzen und damit ihre Einstiegschancen häufig falsch ein und fühlen sich selbst von – aus Personalsicht – gut passenden Stellenanzeigen, Traineeprogrammen oder anderen Angeboten nicht angesprochen. Gerade in diesem Fall ist ein Mentor hilfreich, wenn er die Chancen des Studierenden aus seiner eigenen Erfahrung heraus realistisch bewertet, Einstiegswege aufzeigt, Kontakte herstellt und gegebenenfalls zur Bewerbung auf die Stelle ermutigt (s. ◘ Abb. 4.1).

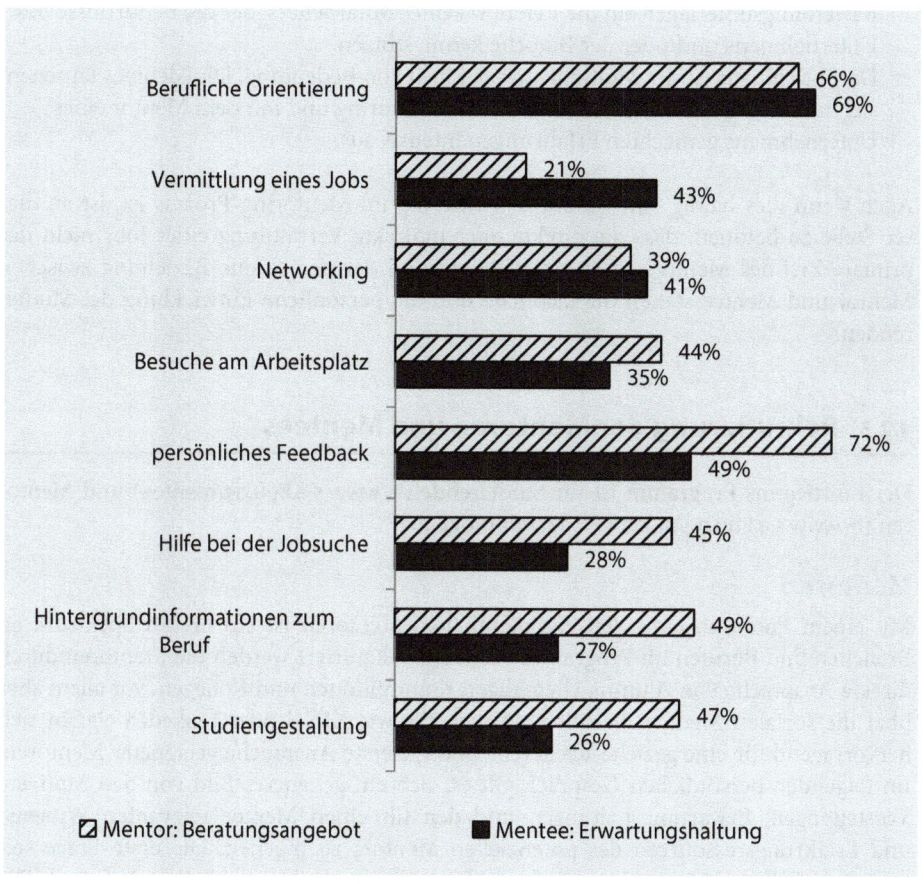

◘ **Abb. 4.1** Erwartungshaltungen der Mentees und Beratungsangebot der Mentoren in den Anmeldebögen

4

Auffällig ist auch, dass mehr Mentees die direkte Vermittlung eines Praktikums/eines Jobs im Auge haben, als Mentoren dies anbieten. Diese Differenz zwischen Nachfrage und Angebot relativiert sich im Laufe der Mentoring-Beziehung, da am Ende in etwa zwei Drittel der Mentees angeben, entweder direkt über den Mentor oder indirekt über den Kontakt eines Mentors ein Job- oder Praktikumsangebot erhalten zu haben. Ein typischer Fall sieht wie folgt aus: Der Mentor erfährt von einer freien Stelle im Unternehmen, auf die der Mentee seiner Einschätzung nach gut passt und motiviert diesen zur Bewerbung. Er macht ihm das Angebot, sich im Schreiben und im Lebenslauf auf ihn als Mentor zu beziehen. Parallel dazu kündigt er die Bewerbung seines Mentees an geeigneter Stelle im Unternehmen an.

— Der Mentee hat so den Einstieg in einen Beruf oder eine Branche geschafft und diesen Schritt vorab in mehreren Gesprächen mit dem Mentor auf seine Richtigkeit und Sinnhaftigkeit reflektiert.
— Der Mentor fungiert als Talent-Scout für das Unternehmen und motiviert einen potenziellen Arbeitnehmer zur Bewerbung. Auch er konnte sich im regelmäßigen Austausch mit dem Mentee davon überzeugen, dass dieser für die entsprechende Stelle persönlich und fachlich geeignet ist.
— Das Unternehmen kann sich im Bewerbungsprozess neben den klassischen Bewerbungsunterlagen auf die Referenz seines Mitarbeiters, der die Bedürfnisse des Unternehmens und/oder der Branche kennt, stützen.
— Darüber hinaus ist der Multiplikatoren-Effekt von Bedeutung. Die Mentees tauschen sich mit ihren Kommilitonen über die im Mentoring und mit dem Mentor eines Unternehmens gemachten Erfahrungen intensiv aus.

Auch wenn dies häufig eine schöne Entwicklung im Mentoring-Prozess ist, ist an dieser Stelle zu betonen, dass die direkte oder indirekte Vermittlung eines Jobs nicht das primäre Ziel des Mentorings ist. Im Vordergrund der one-to-one-Beziehung zwischen Mentor und Mentee stehen die fachliche und die persönliche Entwicklung der Studierenden.

4.2.3 Rekrutierung der Mentoren und Mentees

Der Einstieg ins Programm ist für Studierende (▶ www.s-a.lmu.de/mentee) und Mentoren (▶ www.s-a.lmu.de/mentor) jederzeit möglich.

Mentoren

Mit einem Pool von circa 800 ehrenamtlichen Mentoren ist ein breites Spektrum an Branchen und Berufen im Programm vertreten. Akquiriert werden die Mentoren durch direkte Ansprache von Alumni, ehemaligen Kommilitonen und Kollegen, vor allem aber über die sozialen Medien. Berufliche Netzwerke wie XING oder LinkedIn eignen sich hervorragend für eine gezielte Recherche und die erste Ansprache geeigneter Mentoren. Im folgenden persönlichen Gespräch gilt es, sich ein genaueres Bild von den Motiven, Vorstellungen, Erwartungshaltungen und den für einen Mentee relevanten Wissens- und Erfahrungsressourcen des potenziellen Mentors zu machen. Die erste Frage seitens des künftigen Mentors ist häufig zu Recht die nach dem zeitlichen Aufwand. Die LMU macht hier keine festen Vorgaben, der Erfahrung nach treffen sich erfolgreiche

Mentoring-Tandems zwei bis drei Mal pro Semester persönlich über einen Zeitraum von meist drei bis vier Semestern. Unter diesen Voraussetzungen betreuen in etwa 60 % der Mentoren einen und 40 % zwei oder mehr Mentees parallel.

Mentees

Wie bereits erwähnt, steht das Mentoring-Programm allen Studierenden und Promovierenden der LMU offen. In etwa die Hälfte der Mentees wird durch die Empfehlung eines Kommilitonen auf das Programm aufmerksam. Darüber hinaus besucht das Mentoring-Team der LMU zur Werbung gezielt Vorlesungen für Studienanfänger, Studierende im dritten und vierten Semester sowie abschlussnahe Seminare am Übergang vom Bachelor- zum Master-Studium. Die Mentees können sich jederzeit über ein Online-Formular um eine Aufnahme ins Programm bewerben. Abgefragt werden die Motive und die Erwartungshaltung sowie bereits vorhandene Vorstellungen des Studierenden zu seinem künftigen Beruf.

4.2.4 Matching

Nach erfolgreicher Anmeldung wird der Mentee zu einem persönlichen Beratungsgespräch in der LMU eingeladen. Im Zuge dieses Termins wählt er seinen Mentor aus der Datenbank aktiver Mentoren aus. Dabei kann der Mentee nach Berufen und Stichworten suchen und seine Vorstellungen mit einem Kurzprofil des Mentors abgleichen. Am Ende sollte sich der Mentee drei bis fünf aus seiner Sicht infrage kommende Mentoren ausgesucht haben. Im anschließenden Gespräch mit den Projektmitarbeitern werden die Ergebnisse der Suche besprochen. Dabei wird darauf geachtet, dass mindestens drei konkrete Erwartungen des Mentees mit dem Angebot des Mentors übereinstimmen.

Im Anschluss nimmt ein Projektmitarbeiter Kontakt mit den gewählten Mentoren auf und stellt den ersten Kontakt her. In einer an Mentor und Mentee gerichteten Email befindet sich das Kurzprofil des Mentors sowie der Bewerbungsbogen des Mentees. Mit einer kurzen Mail soll der Mentee den Kontakt zum Mentor aufnehmen und ihm darin seine Erreichbarkeit mitteilen. Den ersten telefonischen Kontakt stellt dann in der Regel der Mentor her. Mentor und Mentee treffen sich das erste Mal meist in einem Café, um zu sehen, ob das Matching fachlich und persönlich passt. Wenn beide bejahen, ist das Tandem zustande gekommen. In mehr als 90 % der Fälle entscheiden sich Mentor und Mentee für die Aufnahme der Mentoring-Beziehung. Gründe für eine Entscheidung gegen das Tandem sind meist falsche oder zu unspezifische Erwartungen an das Mentoring. Oder es gibt entgegen des ersten Eindrucks vom Profil des Mentoring-Partners keine hinreichenden fachlichen oder persönlichen Gemeinsamkeiten. Nach entsprechender Rückmeldung durch den Mentor oder den Mentee wird gemeinsam mit der verantwortlichen Stelle der LMU nach einer Alternative gesucht.

4.2.5 Inhalt der Gespräche und Entwicklung der Beziehung

Inhaltlich macht die LMU den Mentoring-Tandems nur wenige Vorgaben. Mentor und Mentee sollen die Themen, die für sie relevant sind, frei bestimmen. Optional haben die Mentoren die Möglichkeit, eine ganztägige Mentoren-Schulung zu besuchen, die die LMU zweimal im Jahr kostenfrei anbietet.

4

Auch für die Mentees gibt es an zwei Abenden im Jahr eine Informationsveranstaltung, die über die mit dem Mentoring verbundenen Chancen und Möglichkeiten, aber auch über die Grenzen der Beziehung informiert. Ein Online-Mentoring-Guide ergänzt das Unterstützungsangebot und gibt zahlreiche Tipps zur erfolgreichen Gestaltung des Tandems. Darüber hinaus steht das Mentoring-Team der LMU Mentees und Mentoren im Bedarfsfall jederzeit persönlich beratend zur Seite. Die meisten Mentoring-Beziehungen jedoch sind Selbstläufer und Nachfragen zur organisatorischen oder inhaltlichen Gestaltung des Mentorings sind selten. Bei den Inhalten selbst setzt jedes Tandem unterschiedliche Akzente. Am häufigsten jedoch geht es um Fragen wie diese:

- Wie ist dem Mentor der Einstieg in den Beruf gelungen?
- Welche Hintergrundinformationen hat der Mentor zu bestimmten Branchen und Berufen?
- Auf welche fachlichen Qualifikationen und soziale Kompetenzen legen Unternehmen besonders Wert?
- Welche Zusatzqualifikationen machen Sinn?
- Wie optimiert man seine Bewerbungsunterlagen und kann darin sein Profil schärfen?
- Wie bereitet man sich auf Bewerbungsgespräche und deren Ablauf vor?
- Wo findet man passende Stellen und wie bewertet man Stellenanzeigen mit Blick auf das eigene Profil?
- Wo liegen die eigenen persönlichen Stärken, Schwächen und Entwicklungsfelder?

Darüber hinaus bestärkt der Mentor den Mentee in seinen Plänen und macht ihm Mut, diese Pläne auch in die Tat umzusetzen.

4.2.6 Was macht erfolgreiches Mentoring aus?

Voraussetzungen für erfolgreiches Mentoring

Die Mentees und Mentoren nehmen jährlich an einer Online-Evaluation teil. Neben dem aktuellen Status ihres Tandems werden sie nach den im Mentoring-Prozess gemachten Erfahrungen und ihren Erfolgen befragt. Zuwdem ist von Interesse, wie die LMU ihre Events rund um das Programm weiter auf- und ausbauen kann.

Dass vom Mentoring beide Seiten profitieren, lässt sich sehr gut an der folgenden Grafik aus der Evaluation des Programms ablesen. 90 % der Mentees und Mentoren sind im Allgemeinen mit den Ergebnissen des Mentoring zufrieden oder sehr zufrieden. 80 % der Teilnehmer geben an, dass sich durch das Mentoring neue Karriereperspektiven für sie eröffnet haben (s. ◘ Abb. 4.2).

In der Evaluation sowie in dem darauf aufbauenden Forschungsprojekt an der LMU wurden die folgenden drei Faktoren als besonders wichtig für den Erfolg von Mentoring-Beziehungen identifiziert.

Das Engagement des Mentees: Hier ist insbesondere eine gute Vor- und Nachbereitung der Treffen sowie der regelmäßig zum Mentor gesuchte Kontakt entscheidend.

Die von beiden Seiten wahrgenommene Qualität der Beziehung: Beide müssen das Gefühl der gegenseitigen Wertschätzung durch den Mentoring-Partner haben. Unter den erfolgreichen Tandems gibt es Beziehungen, die eher fachlicher Natur sind, auf der anderen Seite gibt es Tandems, die den Fokus mehr auf den persönlichen Erfahrungsaustausch richten. Insbesondere die Letztgenannten münden später häufig in eine dauerhafte Freundschaft zwischen Mentor und Mentee.

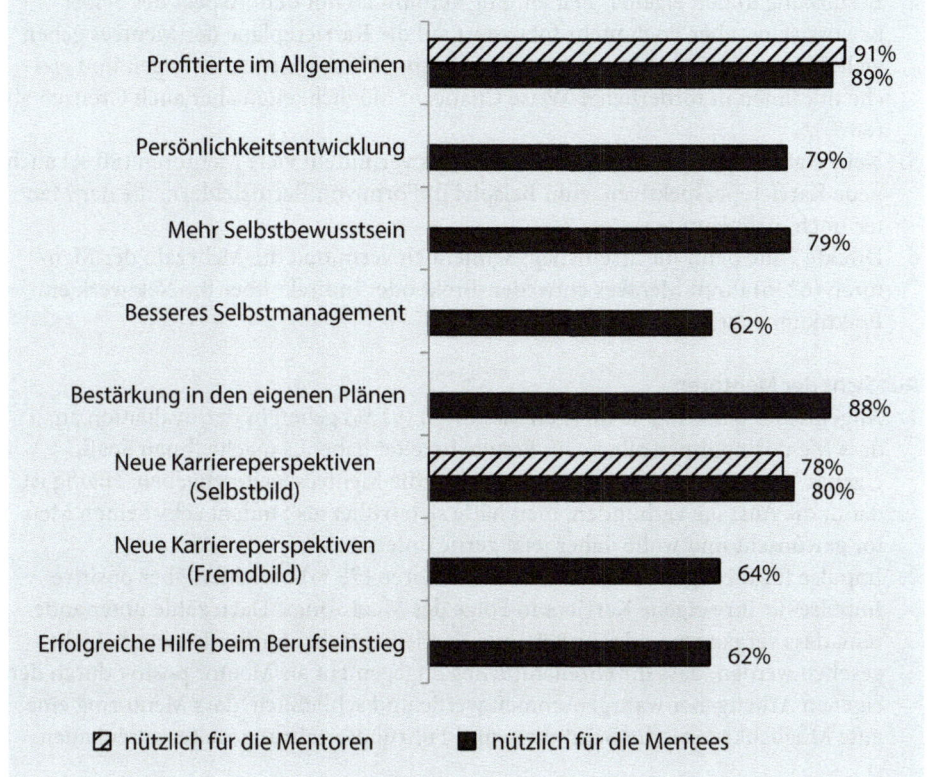

Profitierte im Allgemeinen — 91% / 89%

Persönlichkeitsentwicklung — 79%

Mehr Selbstbewusstsein — 79%

Besseres Selbstmanagement — 62%

Bestärkung in den eigenen Plänen — 88%

Neue Karriereperspektiven (Selbstbild) — 78% / 80%

Neue Karriereperspektiven (Fremdbild) — 64%

Erfolgreiche Hilfe beim Berufseinstieg — 62%

⊿ nützlich für die Mentoren   ■ nützlich für die Mentees

▪ **Abb. 4.2**   Nutzen der Mentoren und Mentees aus dem Mentoring

Die Ressourcen des Mentors: Vor allem aus Sicht des Mentees ist es sehr wichtig, dass der Mentor mit seiner Fach- und/oder Führungserfahrung für den Mentee relevantes Wissen in die Beziehung einbringen und vermitteln kann. Dazu zählt mitunter auch eine gute berufliche Vernetzung des Mentors.

Ergebnisse erfolgreichen Mentorings

Aus Sicht der Mentees

1. Allgemeiner Nutzen: Eine deutliche Mehrheit (ca. 90 %) der Mentees gibt in der abschließenden Evaluation an, dass ihnen Mentoring im Allgemeinen geholfen habe. Der Austausch mit dem Mentor habe ihnen Spaß gemacht und er habe ihnen immer wieder mit guten Tipps in verschiedenen Lebenslagen zur Seite gestanden.
2. Mehr Selbstbewusstsein: Vor allem in den geistes- und sozialwissenschaftlichen Fächern, aber auch in den wirtschaftsnahen Studienfächern geben 80 % der Mentees an, der Mentor hätte ihnen mit Blick auf den Studienverlauf oder einen späteren Berufseinstieg mehr Selbstbewusstsein vermittelt.
3. Besseres Selbstmanagement: In vielen Fällen (62 %) unterstützt der Mentor seinen Mentee dabei, sich klare Ziele für das Studium und die Karriere zu setzen und gibt Hinweise, wie man diese Ziele auch erreicht.

4

4. Bestärkung in den eigenen Plänen: Eng verbunden mit dem Aspekt des Selbst-bewusstseins, aber noch mehr fokussiert auf die Karrierepläne der Mentees geben viele Mentees an, der Mentor ermutige sie, ihre Pläne weiterzuverfolgen und glei-che mit ihnen in förderlicher Weise Chancen, Möglichkeiten aber auch Grenzen ab (88 %).

5. Neue Karriereperspektiven: Darüber hinaus vermitteln viele Mentoren (80 %) auch neue Karriereperspektiven, zum Beispiel in Form von Berufsfeldern, die der Men-tee noch nicht kannte.

6. Direkte Hilfe beim Berufseinstieg: Schließlich vermittelt die Mehrzahl der Men-toren (62 %) ihren Mentees entweder direkt oder indirekt über ihr Netzwerk ein Praktikum oder einen Job.

Aus Sicht der Mentoren

1. Allgemeiner Nutzen: Die meisten Mentoren (91 %) geben in der Evaluation an, dass Mentoring ihnen allgemein Freude bereitet habe. Es mache ihnen Spaß, eigenes Wissen und eigene Erfahrungen an die Mentees weiterzugeben. Häufig ist damit die Aussage verbunden, man hätte sich früher als Student selbst einen Men-tor gewünscht und wolle daher jetzt gerne unterstützen.

2. Impulse für die eigene Karriere: Viele Mentoren (78 %) berichten über positive Impulse für ihre eigene Karriere in Folge des Mentorings. Dazu zähle unter ande-rem, dass vergangene oder anstehende Karriereentscheidungen in neuem Licht gesehen werden, dass ihr ehrenamtliches Engagement als Mentor positiv durch den eigenen Arbeitgeber wahrgenommen werde und schließlich, dass Mentoring eine gute Möglichkeit sei, die Beratungs- und Führungserfahrung weiter auszubauen.

Aus Sicht der Unternehmen

1. Reputation/Personalmarketing: Mentoring ist eine Form gesellschaftlichen Engage-ments. Da sich die Mentoren nicht nur als Person, sondern stets auch als Reprä-sentant eines Unternehmens oder einer Branche einbringen, ist gutes Mentoring zugleich auch gute Werbung für den Arbeitgeber. Dies bestätigen nicht nur die Mentoren, sondern auch die an den Events teilnehmenden Unternehmen.

2. Recruiting: Wie eingangs beschrieben, ist Mentoring auch ein besonders nach-haltiges Recruiting-Instrument. Im Mentoring-Prozess lernen die Mentoren die persönlichen, sozialen und fachlichen Kompetenzen ihrer Mentees intensiv kennen. Viel besser als nach einem zweistündigen Bewerbungsgespräch oder einem mehrtägigen Assessment-Center kann ein Mentor nach mehreren persön-lichen Treffen, offenen und ungezwungenen Gesprächen beurteilen, inwieweit der betreute Mentee zum eigenen Unternehmen passt. Die Empfehlung, sich mit einer persönlichen Referenz auf eine Stelle im eigenen Unternehmen zu bewerben, wird der Mentor nur dann aussprechen, wenn er sich der Passung sicher ist. Mentees sind in der Regel Studierende, die sich früh, intensiv und sehr reflektiert mit ihren beruflichen und persönlichen Zielen auseinandersetzen.

Aus Sicht der LMU München

Der beste Indikator für den Erfolg und die Wirksamkeit des Programms und seiner Organisation ist die hohe Anzahl der Weiterempfehlungen:

- Mehr als die Hälfte der neuen Mentees melden sich nach der Empfehlung eines Kommilitonen oder eines Professors/Dozenten zum Mentoring an.
- Ein ähnliches Bild zeigt sich bei den Mentoren. Allein in 2016 haben sich circa 40 Mentoren nach Werbung durch einen Kollegen oder einen Bekannten angemeldet.
- Häufig werden ehemalige Mentees später selbst Mentoren der LMU und/oder empfehlen ihrem Arbeitgeber ein Engagement im Mentoring-Programm.

Steigerung der Attraktivität: Veranstaltungen für Mentoren und Mentees

Ein Pfeiler der Stabilität im Mentoring-Programm und ein geschätzter Attraktor für alle Beteiligten sind die Karriere- und Networking-Events, exklusiv für Mentees, Mentoren und die im Programm engagierten Unternehmen:

- Beim Career Talk lernen die Mentees acht ausgewählte Unternehmen unter einem jährlich wechselnden Themenkreis in Diskussionsrunden, Workshops und Einzelgesprächen kennen.
- Beim Business Case Event haben die teilnehmenden Mentees neben Einzelgesprächen die Möglichkeit, gemeinsam mit den Unternehmen vor Ort an echten Business Cases zu arbeiten.
- Unter dem Motto „Tandemtreff und Spitzensport" treffen sich Mentees und Mentoren zum Netzwerken und Austausch. In 2015 entstand aus diesen Treffen heraus die LMU Golf Community. Weitere Ableger sind geplant.
- Beim Meet and Greet oder beim Mentoringforum stellen sich einzelne Unternehmen oder Mentoren und Mentees im Rahmen von Vorträgen, Workshops oder Seminaren vor.

Diese Events dienen nicht nur der weiteren Vernetzung von Mentoren, Mentees und Unternehmen über die Grenzen des eigenen Tandems hinweg, sondern sind auch Ausdruck der Wertschätzung und des Commitment der LMU zur Bedeutung des Mentoring-Programms im Kontext der Universität.

Qualitätssicherung

Gerade weil die LMU die organisatorische und inhaltliche Ausgestaltung des Tandems weitgehend den Mentoren und Mentees überlässt, sind flankierende Maßnahmen der Qualitätssicherung besonders wichtig. Diese setzen an mehreren Stellen des Mentoring-Prozesses an:

- Auswahl der Mentoren: Im Akquise-Gespräch sowie im Anmeldebogen der Mentoren muss erkennbar sein, welche Ressourcen der Mentor in das Mentoring einbringen kann und will. Der Mentor muss dabei nicht unbedingt einen Hochschulabschluss haben. Wichtigere Indikatoren sind die (mindestens vierjährige) Berufs-, Projekt-, Beratungs-, Ausbildungs- und/oder Führungserfahrung.
- Auswahl der Mentees: Im Anmeldebogen ist darauf zu achten, dass die Mentees in wenigen Sätzen ihre Erwartungen an das Mentoring beschreiben können. Keine Rolle spielen das Fach, die Phase des Studiums, die Noten oder ob der Studierende bereits einen konkreten Berufswunsch oder ein „Traum-Unternehmen" hat.
- Matching-Prozess: Beim Matching-Prozess sollte es zwischen dem Angebot des Mentors und den Erwartungen des Mentees mehrere Überschneidungen geben.

Das Geschlecht oder das Alter spielen für die LMU keine Rolle. Es obliegt dem Mentee bei der Auswahl des Mentors, wie viel Bedeutung er diesen beiden Kriterien beimisst. Da Mentor und Mentee erst nach dem/den ersten persönlichen Treffen entscheiden, ob Sie ein Tandem bilden wollen, nimmt die LMU nach etwa vier Wochen mit beiden Seiten Kontakt auf, um nach dem Status der Beziehung zu fragen.

— Evaluation: Einmal jährlich werden alle aktiven Mentoren und Mentees in einer Online-Befragung nach ihrem aktuellen Status gefragt. Besteht das gebildete Tandem noch? Wie gut funktioniert die fachliche und persönliche Zusammenarbeit? Hat sich etwas am beruflichen Status des Mentors oder am studentischen Status des Mentees geändert?

— Ansprechpartner: Auch zwischen den Phasen des Matchings und der Evaluation haben Mentoren und Mentees einen festen Ansprechpartner an der LMU, falls es Fragen oder Probleme gibt.

4.2.7 Mentoring als Recruiting-Instrument

Mitarbeiter des Career Service deutscher Hochschulen kennen täglich eingehende Anfragen wie diese: Unternehmen suchen den direkten, persönlichen Kontakt zu den Studierenden. Im „war for talents" wollen sie Flyer verteilen, Poster aufhängen, für eigene Recruiting-Events werben, an die Uni kommen, um Vorträge zu halten oder sie wollen kostenlose Workshops rund um die Themen Bewerbung und Karriere anbieten. Die Wände der Universitäten gleichen im laufenden Semester mehr Litfaßsäulen, denn edlen Hallen akademischer Lehre.

Allerdings gehen in diesem bunten Mosaik der Firmenfarben und -logos die einzelnen Angebote in der Wahrnehmung der Studierenden allzu leicht unter. Auch andere Rekrutierungs-Medien wie Print- und Online-Anzeigen verlieren angesichts dieses Überangebots oder vielmehr aufgrund des unübersichtlich gewordenen Angebots zunehmend an Bedeutung. Die Karrierebotschaften vor allem mittelständischer oder weniger bekannter Arbeitgebermarken werden trotz attraktiver und passgenauer Angebote von der entsprechenden Zielgruppe unter den Studierenden schlicht übersehen. Selbst auf den großen Jobmessen klagen Recruiter immer wieder über den anonymen Publikumsverkehr an ihren Ständen und trotz ausgefallener, mitunter kostspieliger Werbegeschenke über zu wenige nachhaltige Kontakte und Bewerbungen. Mit Sicherheit und zu Recht werden die eben genannten Instrumente weiter ihren Platz im Personalmarketing-Mix behalten. Um als Arbeitgebermarke mit Blick auf den Fachkräftemangel zu bestehen, wird es immer wichtiger, an möglichst vielen Orten und in möglichst vielen Medien Präsenz zu zeigen.

Gerade vor diesem Hintergrund ist es für Unternehmen sinnvoll, auch unkonventionelle Rekrutierungswege wie das Engagement in einem Mentoring-Programm zu beschreiten. Die damit verbundenen Vorteile lassen sich abschließend wie folgt zusammenfassen:

Mentoring-Programme ziehen in der Regel Studierende mit Potenzial an, die sich frühzeitig und reflektiert mit ihren Karriereplänen auseinandersetzen und dazu bereit sind, über den Tellerrand des Studiums hinauszusehen und Neues auszuprobieren. Überdurchschnittlich oft sind es Studenten, die bereits vielseitige Erfahrungen in verschiedenen Praktika und/oder bei Auslandsaufenthalten gemacht haben oder diese anstreben.

Weiter gibt es aus Sicht des Unternehmens keine besseren Botschafter für die eigene Arbeitgebermarke als motivierte Mentoren, die nicht nur persönliches Wissen und Erfahrungen an Studierende weitergeben, sondern zugleich über ihre positiven Erfahrungen als Arbeitnehmer berichten. Eine gute Möglichkeit, eine Brücke zwischen Mentee und dem Unternehmen zu bauen, ist es, ihn zum Besuch am Arbeitsplatz des Mentors einzuladen.

Auch die Mentees selbst sind wertvolle Multiplikatoren, da sie ihre positiven Erfahrungen aus dem Mentoring-Prozess und dem Kontakt mit Unternehmen gerne mit ihren Kommilitonen teilen.

Schließlich ist anzumerken, dass mit dem Engagement im Mentoring für Unternehmen keine Verpflichtung besteht, jedem Mentee ein Stellen- oder Praktikumsangebot zu machen. Häufig aber sind unter den Mentees passende Kandidaten, wovon sich der Mentor in zahlreichen persönlichen, zwanglosen und daher sehr offenen Gesprächen besser überzeugen kann, als es in einem Bewerbungsgespräch oder einem Assessment-Center möglich ist.

Darüber hinaus gibt es im Umfeld von Mentoring-Programmen exklusive Events und Netzwerkveranstaltungen für Mentees, Mentoren und Unternehmen. Anders als auf großen Jobmessen entstehen hier deutlich mehr nachhaltige Kontakte, die in Bewerbungen der Studierenden münden.

Zu guter Letzt schätzen Mentoren in ihren Berichten die durch das Mentoring neu gewonnenen Beratungs- und Führungserfahrungen, von denen auch das Unternehmen profitiert. Aus diesem Grund macht es für Unternehmen Sinn, den Mentoren zumindest mit einer zeitlichen Kompensation für ihr Engagement entgegenzukommen. Der mit dem Mentoring verbundene Aufwand hält sich dabei mit zwei bis drei persönlichen Treffen pro Semester in überschaubaren Grenzen. Der Einstieg und auch Ausstieg aus dem Programm sind jederzeit und ohne negative Folgen für Mentor oder Mentee möglich. Das ist in unternehmensinternen Programm, wo mit einer gescheiterten Mentoring-Beziehung auch ein Reputationsverlust für Mentor und/oder Mentee verbunden sein kann, nicht immer der Fall.

Mit dem Mentoring üben Unternehmen und ihre Mentoren nicht nur ein sozial wichtiges Ehrenamt aus, sondern sie nutzen zugleich ein mächtiges Instrument für das Personalmarketing und stärken im Sinne des Employer Branding damit auch die Arbeitgebermarke des Unternehmens.

4.3 Kein Sprung ins kalte Wasser: Peer-to-Peer-Mentoring

Die LMU München bietet unter der Leitung von Dr. Alexandra Hauser ihren Erstsemesterstudierenden, neben zahlreichen fachspezifischen Programmen, die Möglichkeit, sich im Rahmen des fakultätsübergreifenden Peer-to-Peer-Mentoring-Programms (kurz: P2P-Mentoring) direkt von Beginn an von einem studentischen Mentor begleiten zu lassen. In ihrem folgenden Beitrag berichtet sie praxisnah über die Konzeption und Umsetzung des Programms.

Ziel des P2P-Mentoring-Programms ist es, Erstsemesterstudierenden sowie Studierenden in der Übergangsphase vom Bachelor- zum Masterstudium den Studieneinstieg zu erleichtern, indem erfahrene Studierende des gleichen Studiengangs sie über zwei Semester hinweg unterstützen und ihre Erfahrungen an sie weitergeben. Das P2P-Mentoring-Programm ist mit ca. 1600 Teilnehmerinnen pro Jahrgang und insgesamt rund 7000 Teilnahmen seit seiner Gründung im Jahr 2012 eines der größten universitären Peer-to-Peer-Mentoring-Programme Deutschlands. Das Konzept des Programms beruht auf fundierten psychologischen Theorien und wird durch die ProjektmitarbeiterInnen wissenschaftlich begleitet. Die Evaluationsergebnisse werden dabei sowohl für die Projektoptimierung, als auch für Forschungsarbeiten und wissenschaftliche Publikationen genutzt.

Das P2P-Mentoring-Programm (▶ www.p2pmentoring.peoplemanagement.uni-mu-enchen.de) wurde 2012 im Rahmen von Lehre@LMU an der LMU etabliert und wird vom Bundesministerium für Bildung und Forschung gefördert (Förderkennzeichen 01PL17016). Das P2P-Mentoring-Programm ist Teil des Center for Leadership and People Management (CLPM), einer Forschungs-, Trainings- und Beratungseinrichtung der LMU unter der Gesamtleitung von Prof. Dr. Dieter Frey und PD Dr. Silke Weisweiler. Das CLPM mit seinen Programmen steht für die Verbindung von Exzellenz und Wertschätzung in Führung, Zusammenarbeit und Lehre.

Verfasserin dieses Gastbeitrags ist Dr. Alexandra Hauser, Arbeits- und Organisationspsychologin und Leiterin des P2P-Mentoring-Programms der LMU München. Zu ihren Schwerpunkten in Forschung, Training und Beratung gehören die Themen Mentoring, Evaluation von Personalentwicklungsmaßnahmen, sowie Mitarbeiterführung und Work-Life Balance.

4.3.1 Peer-to-Peer-Mentoring als Onboarding-Instrument

Zu Beginn eines jeden Wintersemesters bietet die LMU mehrere Einführungsveranstaltungen für Erstsemesterstudierende an, bei denen sich diese an Ständen und in Vorträgen über die vielfältigen Angebote und Möglichkeiten an der LMU informieren können. Im Rahmen dieser Veranstaltungen erhalten wir dankenswerterweise regelmäßig die Gelegenheit, unser P2P-Mentoring-Programm in einem Hörsaal voller Studienanfänger vorzustellen. Dabei beginnen wir unseren Vortrag öfter mal mit den Worten:

„Bitte schauen Sie einmal zu Ihrem Nachbarn/ihrer Nachbarin zur Linken – jetzt zu Ihrem Nachbarn/ihrer Nachbarin zur Rechten. Seien Sie sich sicher, dass die gerade ähnliche Gedanken haben. Unter anderem diesen: ‚Oh je, ich glaube, jeder hier weiß viel mehr als ich! Alle scheinen sich schon irgendwie zu kennen und wirken so, als ob sie über das Studium und die Uni ebenfalls schon bestens Bescheid wissen – und ich bin der/die einzige, die keinen Plan hat!"

An dieser Stelle kommt oft Gelächter aus der Zuhörerschaft. Doch so weit hergeholt sind solche Gedanken gar nicht: Nach einer solchen Präsentation kam vor kurzer Zeit ein Studienanfänger zielstrebig auf uns und meinte erleichtert: „Sie haben mir wirklich aus der Seele gesprochen! Genau so geht es mir gerade! Wo kann ich mich anmelden?" Dieser Erstsemesterstudent begleitete uns dann direkt vom Vorlesungssaal bis zu unserem Infostand.

Diese Anekdote zeigt: Personen, die in einem Unternehmen, einer Bildungseinrichtung, einer Gruppe neu sind, bewegen sich oft zunächst auf gefühlt unsicherem Terrain. Sie kennen weder die impliziten Spielregeln der neuen sozialen Gruppe, noch ihre Mitglieder, auch fehlen oft einfach wichtige Informationen. Umso wichtiger ist es, möglichst früh Anschluss zu finden und Ansprechpartner haben, um diese Unsicherheit reduzieren zu können und Zugang zu relevanten Informationen zu bekommen. Hier bietet sich Mentoring als *Onboarding-Instrument* sehr gut an. Die persönlichen Hemm-schwellen, jemand Fremdes um Rat zu fragen und um Unterstützung zu bitten sind oft sehr hoch. Sie sinken jedoch, wenn man in seinem Ansprechpartner Ähnlichkeiten zu sich selbst entdeckt, man dadurch schnell Vertrauen fassen kann, die Kommunikations-wege unkompliziert sind und die Beziehung nicht hierarchisch ist. Gerade bei Onboar-ding-Prozessen kann es deshalb von Vorteil sein, einen Mentor auf Augenhöhe zu haben.

4.3.2 Das Besondere an Peer-to-Peer-Mentoring

Mentor und Mentee gehören derselben sozialen Gruppe an

Peer-to-Peer-Mentoring stellt eine besondere Form des Mentorings auf Augenhöhe dar. Die Augenhöhe ergibt sich dabei direkt aus der Struktur dieser Mentoring-Form: Mentor und Mentee sind *Peers,* also der gleichen sozialen Gruppe angehörig und damit gleich-gestellt. Mentor und Mentee sind auf der gleichen Hierarchiestufe, jedoch hat der Men-tor einen erweiterten Erfahrungsschatz, von dem er den Mentee profitieren lassen kann. Eine alternative Form des Peer Mentoring ohne offiziellen Mentor stellt dagegen eine Betreuung in *Peer Groups* dar. Hier finden sich mehrere Neuzugänge oder Erstsemester mit gleichem Erfahrungshorizont zu einer Gruppe zusammen und unterstützen sich gegenseitig.

Die Mentoren des P2P-Mentoring-Programms der LMU München sind Studie-rende ab dem zweiten Semester, welche einen oder mehrere Erstsemesterstudierende/n aus dem gleichen Fachbereich über die ersten beiden Semester hinweg begleiten. Das Programm ist fakultätsübergreifend und für alle Fachbereiche geöffnet. Die Mentoren engagieren sich dabei ehrenamtlich. Durch den nicht allzu großen Abstand kann ein Mentee davon profitieren, dass der Mentor vor gar nicht allzu langer Zeit ebenfalls in der gleichen Situation war und sich daher gut in den Mentee hineinversetzen kann. Die Herausforderungen des Studienbeginns sind sozusagen noch beim Mentor präsent, aber mittlerweile erfolgreich überwunden.

„Wir hatten die gleichen Interessen, daher hatten wir überhaupt keine Probleme, einen Zugang zueinander zu finden und ein Gespräch aufzubauen. Meine Mentorin Anna konnte sich noch total gut daran erinnern, wie es bei ihr im ersten Semester war. Es war alles sehr unkompliziert und zwanglos. Wir haben uns auch mal abends oder nachmittags bei einem Kaffee getroffen und dann über meine Themen gesprochen. Es war wirklich ein Mentoring auf Augenhöhe. Ich kann mir vorstellen, sonst ist man bestimmt nervös und fragt manche Sachen nicht, wenn da eine Hierarchie da ist. Da hat man dann vielleicht Hemmungen, bestimmte Fragen zu stellen." Vanessa Rau, Studentin der Pädagogik und ehemalige Men-tee im P2P-Mentoring-Programm der LMU München.*

„Wenn ich meiner Mentee Vanessa einen Tipp gegeben habe, dann hatte ich nicht das Gefühl, es wirkt überheblich, oder als würde ich mich auf eine höhere Ebene stellen. Es war eher so, als würde ich eine freundschaftliche Hilfestellung geben. Ich habe mich dadurch auch getraut, mehr zu sagen – es gab ja quasi keine „hierarchische Position", die ich festigen musste. Also es war nicht schlimm, wenn ich mal keine Lösung wusste. Ich hatte trotzdem irgendwie meistens schnell eine Problemlösung parat, da ich mich noch gut in ihre Situa-tion hineinversetzen konnte. Entweder, weil ich auch mal in genau so einer Situation war, oder weil ich eben ihren Hintergrund des Studiums so genau kenne." Anna Gieschen, Stu-dentin der Pädagogik und Mentorin im P2P-Mentoring-Programm der LMU München.

Auch in Unternehmen werden Peer-to-Peer-Mentoring-Programme immer häufiger implementiert. Ein Mentor kann beispielsweise ein Auszubildender im zweiten Jahr sein, welcher einen Auszubildenden aus dem ersten Jahr als Mentee betreut. Auch Führungskräfte, welche die nächste Managementebene erreichen, können davon profitieren, einen Mentor der gleichen Managementebene zu haben, welcher schon etwas länger dabei ist. Wichtig ist dabei, dass Mentor und Mentee zur gleichen sozialen Gruppen, bzw. Hierarchiestufe gehören.

Karriereorientiertes vs. Psychosoziales Mentoring

Nicht nur die Zugehörigkeit von Mentor und Mentee zur gleichen sozialen Gruppe unterscheidet Peer-to-Peer-Mentoring von konventionellem Mentoring. Das Mentoring übernimmt auch oft eine andere Funktion. Kram (1983) sowie Kram und Isabella (1985) unterscheiden in ihren Studien, welche zu den Klassikern der Mentoring-Literatur zählen, zwischen zwei grundsätzlichen Funktionen, welche ein Mentoring erfüllen kann.

Zum einen beschreiben sie Karriere-Funktionen. Diese umfassen verschiedene Aspekte der Mentoring-Beziehung, welche dazu dienen, die Karriere des Mentees voranzutreiben. Hier agiert der Mentor beispielsweise als Türöffner zu anderen Hierarchien, bietet dem Mentee Zugang zum eigenen Netzwerk, gibt dem Mentee die Gelegenheit, sich dort auch entsprechend zu zeigen und darzustellen. Der Mentor kann auch als Coach und Förderer auftreten und dem Mentee durch das Stellen herausfordernder Aufgaben dabei helfen, sich fachlich weiter zu entwickeln. Gleichzeitig bietet der Mentor durch seine höhere Position auch einen gewissen Schutz, der Mentee ist sozusagen der Zögling des Mentors.

Mentoring kann aber auch eine psychosoziale Funktion erfüllen. Hierunter zählen Kram (1983) sowie Kram und Isabella (1985) verschiedene Aspekte der Mentoring-Beziehung, die dem Mentee dabei helfen, in der neuen Rolle anzukommen und sich generell darin besser zurechtzufinden. Der Mentor ist ein Rollenmodell und Vorbild und zeigt dadurch dem Mentee auf, dass auch schwierige Herausforderungen in der neuen Situation erfolgreich gemeistert werden können. Der Mentor ist wohlwollender Berater und Freund. Seine Funktion ist es, den Mentee so anzunehmen, wie er ist, ihn in seiner Person zu bestärken, ihn emotional zu unterstützen und bei persönlichen Tiefs wieder zu motivieren. Durch psychosoziales Mentoring gewinnt der Mentee mehr Selbstsicherheit in der neuen Situation, hat ein größeres Kompetenzerleben, sowie eine klarere Vorstellung von der eigenen Rolle und die an ihn gestellten Erwartungen. Der Mentee kann so seine neue Rolle auch erfolgreicher meistern und schneller Leistung zeigen.

„Meine Mentorin Anna hat mir sehr dabei geholfen, mich an der LMU zurechtzufinden. Zum Beispiel beim Räume finden – ich hatte manchmal Veranstaltungen in verschiedenen Gebäuden, da die LMU keine Campus-Universität ist. Sie hat mir aber auch bei der Stundenplanerstellung sehr geholfen. Man fühlt sich einfach sicherer, wenn man weiß, man kann jemanden fragen und der einem von Anfang an Dinge zeigen kann. Dann ist die erste Zeit nicht ganz so nervenaufreibend. Wir haben uns oft darüber ausgetauscht, wie es mir geht. Meine Mentorin hat von ihren eigenen Schwierigkeiten damals erzählt – das hat mich dann immer beruhigt. Sie hat mich immer gleich verstanden und konnte meine Schwierigkeiten nachvollziehen. Ohne Mentorin wäre ich ständig unsicher gewesen. Man weiß einfach: Selbst wenn unvorhergesehene Probleme auftreten, habe ich jemanden, der mir helfen kann" Vanessa Rau, Studentin der Pädagogik und ehemalige Mentee im P2P-Mentoring-Programm der LMU München.

Der Auftrag des P2P-Mentoring-Programm der LMU ist es, Studienanfänger (Mentees) dabei zu unterstützen, an der Universität und der neuen Lebensphase anzukommen und zunächst einmal den bislang noch fremdem „Kosmos Universität" kennenzulernen und zu verstehen. Für die Mentoren geht es also vor allem darum, Unsicherheit bei den Mentees zu reduzieren, ihnen als Ansprechpartner zur Seite zu stehen und ein Gefühl von Sicherheit zu vermitteln. Der Mentor ist einer der ersten, wichtigen sozialen Kontakte an der Universität, der es wiederum erleichtern kann, auch zu anderen Studierenden Anschluss zu finden. Aufgrund der sehr hohen Nachfrage im P2P-Mentoring-Programm unterstützt ein Mentor auch oft kleinere Mentee-Gruppen bis zu fünf Personen. So haben die Mentees nicht nur Anschluss zu einem Studierenden aus einem höheren Semester, sondern können direkt mit ihren Erstsemester-Kommilitonen Bande knüpfen. Besonderen Wert legt das P2P-Mentoring-Programm dabei darauf, Studienanfänger in besonderen Bedarfslagen zu unterstützen. Dazu gehören Kinder aus Nicht-Akademiker Familien, Studierende mit Migrationshintergrund, Studierende mit Kind, sowie Studierende mit chronischer Erkrankung oder Behinderung.

„Meine Eltern haben nicht studiert. Ohne meine Mentorin wäre ich wirklich aufgeschmissen gewesen! Ich wusste ja nicht mal, was eine akademische Viertelstunde ist! Auch was so andere formale Dinge angeht, hat mir Anna einiges erklärt. Zum Beispiel, in welcher Form wir in unserem Fach Klausuren schreiben, ob also zum Beispiel Multiple Choice Klausuren oder offene Fragen und wie das genau abläuft. Sie konnte mir aber auch Tipps geben, welche Übungen oder Veranstaltungen aus ihrer Sicht wirklich wichtig sind, wenn sie nicht verpflichtend waren. Manche Dinge werden zum Beispiel dreimal angeboten, da macht es aber inhaltlich nicht immer Sinn zu allen hinzugehen. Spannend für mich war auch, dass meine Mentorin einen Nebenjob hatte – da konnte ich sie fragen, wie sie alles unter einen Hut bringt. Das war sie auch ein Vorbild." Vanessa Rau, Studentin der Pädagogik und ehemalige Mentee im P2P-Mentoring-Programm der LMU München.

Wird Peer-to-Peer-Mentoring in Unternehmen oder Universitäten als Onboarding-Instrument eingesetzt, so erfüllt es oft in erster Linie eine psychosoziale Funktion, in der jedoch durchaus auch einzelne, karriereorientierte Elemente vorhanden sein können. Gerade bei Personen in frühen Karrierephasen ist diese psychosoziale Komponente von Mentoring essenziell (Allen et al. 1997; Kram und Isabella 1985). Personen, welche gerade erst den Übergang auf eine neue Karrierestufe gemeistert haben, müssen erst in dieser ankommen und Leistung zeigen, bevor es Sinn macht, dass sie ihr Mentor direkt weiter zur nächsten Stufe „netzwerkt".

4.3.3 Was sind positive Effekte von Peer-to-Peer-Mentoring?

Die positive Wirkung von Peer-to-Peer-Mentoring ist durch verschiedene Studien wissenschaftlich belegt. So zeigt sich in einer Studie von Allen et al. (1999) zum Beispiel, dass die Eingliederung von Neuzugängen im Unternehmen besser gelingt, wenn ein formales Peer-to-Peer-Mentoring-Programm angeboten wird. Nach Einschätzung der Mentees ist der Mentor dabei auch oft hilfreich bei der Stressbewältigung. Ebenso zeigt sich in dieser Studie, dass Mentees besonders von psychosozialem Mentoring (Mentor ist Rollenvorbild, bietet dem Mentee Akzeptanz, Bestätigung, Beratung und Freundschaft) profitieren, da sie die politischen Strukturen und impliziten Spielregeln im Unternehmen früh kennenlernen weil sie ihr Mentor hier ins Vertrauen zieht.

Auch zeigten sich positive Zusammenhänge mit der Arbeitsleistung der Neuzugänge mit Peer-to-Peer-Mentoring.

In einer Studie von Sanchez et al. (2006) über ein universitäres Mentoring-Programm zur Unterstützung von Erstsemesterstudierenden zeigten sich ebenfalls positive Ergebnisse. Die Mentees gaben höhere Zufriedenheitswerte mit der Universität an und hatten stärkere Absichten, auch wirklich den Abschluss zu machen. Des Weiteren wiesen sie geringere Tendenzen auf, ihr Studium abzubrechen als eine Vergleichsgruppe ohne Peer Mentor.

„Ich glaube schon, dass das Mentoring meiner Mentee Vanessa etwas gebracht hat. Zumindest hoffe ich es. Zum Beispiel haben wir am Anfang noch sehr viel Zeit investiert in ihre Stundenplanerstellung und sie hat oft nach Räumen gefragt. Das wurde dann mit der Zeit weniger, daran habe ich dann gemerkt, dass sie sicherer wurde. Es war auch so, dass wir von den formalen Themen, so was wie Räume oder Klausuren, dann mit der Zeit immer mehr zu den sozialen Themen gekommen sind. Man fasst mit der Zeit dann immer mehr Vertrauen zueinander und die Beziehung wird immer besser. Man kann als Mentor den Mentee auch nochmal in der Studienwahl bestärken. Zum Beispiel in Pädagogik ist es so, dass man anfangs sehr viel Statistik hat. Das kann schon auch mal abschrecken. Aber man ist ja selber auch ein Vorbild dafür, dass es Spaß macht und auch machbar ist.“ Anna Gieschen, Studentin der Pädagogik und Mentorin im P2P-Mentoring-Programm der LMU München.

Nicht nur der Mentee, sondern auch der Mentor kann vom Peer-to-Peer-Mentoring profitieren. Obwohl hier vornehmlich Forschungsergebnisse von Studien zu konventionellem Mentoring aus der Wirtschaft vorliegen, zeigen sich in den Untersuchungen des P2P-Mentoring-Programms der LMU erste Ergebnisse zu positiven Wirkungen für den Peer Mentor.

„Wenn man einer anderen Person helfen kann und sieht, dass es funktioniert, wird man selbst auch nochmal sicherer. Dadurch, dass ich Vanessa geholfen habe, sich an der LMU zurechtzufinden, habe ich mich selbst auch nochmal mehr als ein Teil der LMU gefühlt. Ich hatte danach sogar noch einmal eine andere Mentoren-Tätigkeit in einem Praktikum. Da war das eher hierarchisch organisiert. Das wäre mir sehr viel schwerer gefallen, wenn ich nicht vorher schon Peer-Mentorin gewesen wäre. Was ich sehr gut fand beim Peer-to-Peer-Mentoring war, dass man den Umgang mit der Verantwortung lernt, aber in einem sehr entspannten Kontext. Was auch gut ist, dass man so die Durchmischung der Jahrgänge fördert, weil man sich mit anderen Semestern vernetzt.“ Anna Gieschen, Studentin der Pädagogik und Mentorin im P2P-Mentoring-Programm der LMU München.

Die Mentoren profitieren neben ihren positiven Erfahrungen in ihrer neuen Rolle auch durch die Ausbildung, in der ihnen wichtige Kompetenzen und Techniken aus dem Leadership, Soft Skill und Zeit- und Selbstmanagement-Bereich vermittelt werden. Diese helfen den Mentoren, ihre Mentoren-Tätigkeit besser auszuführen, können sich aber auch im späteren Berufsleben als nützlich erweisen.

4.3.4 Erfolgsfaktoren für Peer-to-Peer-Mentoring

Mentoren fundiert ausbilden!

Um sich in die eigene Mentoren-Rolle trotz der Hierarchiegleichheit gut einfinden zu können, bedarf es der Sicherstellung entsprechender Kompetenzen. Aus diesem Grund werden die Mentoren im Rahmen des P2P-Mentoring-Programms vorab ausgebildet.

Die Inhalte der mehrtägigen Ausbildungsworkshops umfassen dabei zum einen Basiswissen über das Konzept „Mentoring", sowie über Ziele und übergeordnete Philosophie des P2P-Mentoring-Programms. Es werden zudem auch Kompetenzen im Bereich der Kommunikation, Führung, sowie lösungsorientierte Beratung vermittelt. Die Mentoren befassen sich dabei mit Gesprächstechniken, Lern- und Arbeitstechniken, sowie mit Methoden aus dem Zeit- und Selbstmanagement. Gerüstet mit diesen Techniken gelingt es den Mentoren, ihrem Mentee die eigenen Erfahrungen und Erkenntnisse verständlich zu vermitteln. Sie können ihnen in Motivationstiefs zur Seite stehen und sie unterstützen, ihnen jedoch auch mit Lerntipps und –techniken in Klausurenphasen helfen.

„Ich erinnere mich noch an eine Übung aus den Ausbildungsworkshops. Da sollten wir ein Rollenspiel durchführen, ich sollte die Mentorin sein und mein fiktiver Mentee wollte sein Studium abbrechen. Ich erinnere mich noch, wie ich ihn sehr motiviert habe und ermuntert, das schaffst du schon und so weiter. Bei der Nachbesprechung mit dem Ausbilder haben wir dann besprochen, dass Motivieren zwar gut ist, aber nicht unbedingt für jeden Mentee in seiner individuellen Situation auch angemessen ist. Es kann ja wirklich sein, dass das Studium vielleicht nicht das richtige ist. Das war eine wichtige Erkenntnis für mich, dass man da nochmal differenzieren muss und auch nicht immer selbst helfen kann. Das hat mir in meiner Tätigkeit auf jeden Fall sehr geholfen, dran zu denken, immer nochmal auf die individuellen Bedürfnisse des Mentees zu schauen um ihn dann zum Beispiel weiter zu verweisen an entsprechende Stellen, zum Beispiel an die Studienberatung." Anna Gieschen, Studentin der Pädagogik und Mentorin im P2P-Mentoring-Programm der LMU München.

Ein wichtiges Thema in der Ausbildung von Peer-to-Peer-Mentoring allgemein ist dabei auch das Thema Grenzen. Die Mentoren sollten in der Ausbildung lernen, auch auf ihre eigenen Bedürfnisse zu achten. So werden sie dafür sensibilisiert, sich immer mal wieder bewusst zu machen, dass sie keine Dienstleister sind sondern sich ehrenamtlich engagieren. Die Mentoren können so lernen, sich gegebenenfalls abzugrenzen. Im Rahmen der Ausbildung im P2P-Mentoring werden die Mentoren dazu ermutigt, bereits beim Erstgespräch mit dem Mentee die gegenseitigen Erwartungen zu klären.

„Es war als Mentor auf jeden Fall gut, dass man durch die Ausbildung einen groben Rahmen vorgegeben bekommen hat, welche Dinge auch von einem erwartet werden und welche nicht. Ich hatte zwar schon vorher irgendwie gewusst, was ein Mentor ist, aber ich hätte ohne die Ausbildung vielleicht nicht so auf meine persönlichen Grenzen geschaut. Sondern eher gesagt: Ja komm, wir treffen uns immer wenn du willst. Wie in der Ausbildung besprochen habe ich aber dann eben in unserem Erstgespräch gesagt, was meine Aufgaben sind und wir haben sozusagen unsere „Kommunikationswege" abgeklärt. Das war gut, das direkt zu Beginn zu machen." Anna Gieschen, Studentin der Pädagogik und Mentorin im P2P-Mentoring-Programm der LMU München.

Gute Begleitung durch das Programm sicherstellen!

Gerade bei Peer-to-Peer-Mentoring können aufseiten der Mentees und Mentoren verschiedene Fragen oder Situationen auftreten, bei/in denen sie selbst nicht mehr weiterwissen. In solchen Fällen ist es sehr wichtig, dass der Programmanbieter es als seine Verantwortung begreift, den Teilnehmern weiterzuhelfen und sie gut zu begleiten.

Je nach Größe des Programms bietet es sich an, ständig wiederkehrende, sachliche Teilnehmerfragen zu sammeln und Informationen öffentlich zur Verfügung zu stellen. Formale Fragen zu Fristen, Terminen oder dem regulären Programmablauf können sich die Teilnehmer durch gut gestaltetes Infomaterial oder einen angemessenen Internet-auftritt, z. B. mit der Rubrik der *Frequently Asked Questions (FAQs)* auf der Homepage, schnell selbst beantworten.

Die Möglichkeit, einen persönlichen Ansprechpartner auf Programmseite zu haben, ist bei anderen Fragen hingegen essenziell. So können im Mentoring Situationen ein-treten, in denen die Bedürfnisse des Mentees die Grenzen des Mentors überschreiten (zum Beispiel bei schweren psychischen Problemen). Hier ist der persönliche Kontakt zu den Teilnehmern sehr wichtig, damit sie optimal unterstützt werden können und sie nicht mit ihren Problemen alleine gelassen werden. Der Ansprechpartner auf Programm-seite kann so Möglichkeiten aufzeigen, mit der Situation umzugehen, wie zum Beispiel die Vermittlung eines Kontakts zu einer psychosozialen Beratungsstelle. Je nach Bedarf bietet es sich auch an, regelmäßige Supervisionstermine für die Mentoren anzubieten.

Strukturen für eine hohe Beziehungsqualität schaffen!

Eine hohe Beziehungsqualität ist besonders wichtig für den Mentoring-Erfolg. Dies zu erreichen ist daher aus Sicht der Programmverantwortlichen ein wichtiges Ziel. Obwohl Mentor und Mentee sich ihre Beziehung selbst gestalten und der Programmanbieter hier wenig direkten Einfluss nehmen kann, können durchaus Rahmenbedingungen geschaffen werden, welche eine hohe Beziehungsqualität begünstigen.

Besonders wichtig ist der persönliche Kontakt zwischen Mentor und Mentee. Gerade in der ersten Zeit des Peer-to-Peer-Mentoring sind eher häufige Treffen empfehlenswert, damit sich ein Vertrauensverhältnis aufbauen kann. Bei Peer-to-Peer-Mentoring werden zusätzlich auch oft andere Kommunikationswege (Handynachrichten, Email, Telefon) genutzt, um die Beziehung zu pflegen oder schnell Informationen auszutauschen.

Eine wichtige Rolle spielt auch das Matching, also die passende Zuordnung von Mentor und Mentee zueinander. Ein wichtiges Kriterium ist, dass die Bedürfnisse des Mentees damit zusammenpassen, was der Mentor auch tatsächlich anzubieten bereit ist. Dies kann durch einen vorangehenden Erwartungsabgleich sichergestellt werden. Selbstverständlich können aber auch zwischenmenschliche Faktoren, wie Sympathie, gleiche Interessen oder zugrunde liegende Wertvorstellungen und die Persönlichkeit die Beziehungsqualität und das gegenseitige Vertrauen beeinflussen.

Wie der Matching-Prozess letztendlich gestaltet wird hängt auch von der Größe des Programms ab. Da ein händisches Matching mit rund 1600 Teilnehmern pro Jahrgang nicht möglich ist, erfolgt das Matching im P2P-Mentoring-Programm mit einem im Pro-jekt entwickelten wissenschaftlich fundierten, psychologischen Algorithmus, welcher sich für ein erfolgreiches Mentoring bewährt hat. Dieser Algorithmus bezieht sowohl das Studienfach, als auch die zugrunde liegende Wertvorstellungen der Mentees und Men-toren mit ein. Ebenfalls wird automatisch berücksichtigt, ob sich der Mentee in einer besonderen Bedarfslage befindet (Kinder aus Nicht-Akademiker Familien, Studierende mit Migrationshintergrund, Studierende mit Kind, sowie Studierende mit chronischer Erkrankung oder Behinderung).

Klare Rollen und realistische Erwartungen auf allen Seiten

Für ein erfolgreiches Mentoring ist es wichtig, dass direkt zu Beginn die Erwartungen aller involvierten Parteien geklärt werden. Dies beginnt mit den Erwartungen des Programmanbieters. Seine Aufgabe als Rahmengeber ist es, den Mentoren und Men-tee zu vermitteln, wie ihre Rolle im Programm gedacht ist. Besonders bei einem ehrenamtlichen Engagement der Mentoren ist es wichtig, dies den Mentees bereits bei der Rekrutierung (z. B. auch im Infomaterial, auf der Homepage, etc.) verständlich zu vermitteln, damit keine unangemessenen Erwartungshaltungen bestehen. Ebenfalls ist es wichtig, den Mentee dafür zu sensibilisieren, welche Inhalte Teil des Mentoring-Programms sind und welche nicht.

Eine besondere Rolle bei der Erwartungsklärung kommt dem Mentor zu. Bereits beim ersten Gespräch mit dem Mentee sollte der Mentor eine Klärung der gegenseitigen Erwartungen an das Mentoring anstoßen. Dies betrifft unter anderem die Häufigkeit der Treffen, zwischenmenschliche Spielregeln wie z. B. Pünktlichkeit und Zuverlässigkeit, sowie die Grenzen des Mentorings bezüglich bestimmter Inhalte und der persönlichen Erreichbarkeit.

„Unser Mentoring war auf jeden Fall erfolgreich. Ich glaube, man muss als Mentee auf jeden Fall flexibel sein mit den Zeiten, sodass es für beide passt. Der Mentor hat ja auch noch ein eigenes Leben. Respekt ist hier sehr wichtig, auch Respekt vor der Zeit und dem ehrenamtlichen Engagement des Mentors, also dass man selbst zum Beispiel pünktlich zu den Treffen kommt. Er ist ja kein Dienstleister. Man sollte daher auch nicht zu viel erwarten. Man muss aber als Mentee auch offen und bereit sein, Themen anzusprechen und nach Hilfe zu fragen. Man muss auch die Beziehung pflegen – zum Beispiel habe ich ihr zum Geburtstag was Kleines geschenkt, oder zu Weihnachten, als Dankeschön.“ Vanessa Rau, Studentin der Pädagogik und ehemalige Mentee im P2P-Mentoring-Programm der LMU München.

„Es ist total wichtig, dass das Hilfesuchen, bzw. Hilfe anbieten von beiden Seiten kommt. Also, dass der Mentee auch aktiv Dinge anspricht und um Unterstützung bittet. Wenn nie eine Frage von meinem Mentee kommt, dann denke ich als Mentorin irgendwann, der braucht ja meine Hilfe gar nicht, da ist kein Bedarf da. Zwischen Vanessa und mir war das Verhältnis sehr gut und das Gegenseitige hat sehr gut funktioniert. Wir haben somit beide Interesse aneinander und am Mentoring gezeigt.“ Anna Gieschen, Studentin der Pädagogik und Mentorin im P2P-Mentoring-Programm der LMU München.

4.3.5 Fazit: Peer-to-Peer-Mentoring lohnt sich!

Ein Peer-to-Peer-Mentoring-Programm im eigenen Unternehmen oder in Universitäten zu implementieren ist eine lohnenswerte Sache. Die positiven Effekte solcher Programme sind wissenschaftlich belegt. Durch die Zugehörigkeit zur gleichen sozialen Gruppe bestehen aufseiten der Mentees weniger Hemmungen, verschiedene Themen anzusprechen. Aber auch aufseiten der Mentoren besteht durch das nicht hierarchische und meist freundschaftliche Verhältnis keine Angst vor einem Gesichtsverlust bei der Beantwortung von Fragen.

Gerade durch diese geringe Distanz können sich jedoch auch Herausforderungen für den Mentor ergeben:

„Es kann auch manchmal eine Herausforderung sein, wenn man so eng ist und sich so gut versteht. Man neigt dann dazu, dass man auch in anderen Bereichen behilflich sein will, für die man eigentlich nicht zuständig ist. Zum Beispiel ist es nicht angedacht im P2P-Mentoring, dass man inhaltlich hilft beim Studium. Man ist ja kein Nachhilfelehrer. Trotzdem will man ja dem Mentee helfen, wenn man sieht, er oder sie tut sich irgendwo schwer. Man denkt sich dann schnell, ach, wenn wir uns zusammen schnell hinsetzen, dann

habe ich das schnell erklärt, dann ist das in 15 min geschafft. Da fühlt sich eine Trennung von Zuständigkeiten eher künstlich an. Aber es ist schon die Frage grundsätzlich: Wo fängt man an, wo hört man auf?" Anna Gieschen, Studentin der Pädagogik und Mentorin im P2P-Mentoring-Programm der LMU München.

Eine angemessene Mentoren-Ausbildung anzubieten, in der auch solche Herausforderungen thematisiert werden, liegt daher in der Zuständigkeit des Programmanbieters. Weiterhin sind das Matching sowie eine allgemeine gute Begleitung der Programmteilnehmer eine wichtige Voraussetzung für den Programmerfolg. Ebenfalls ist direkt zu Beginn der Mentoring-Beziehung eine Erwartungsklärung zwischen Mentee und Mentor anzuraten.

Vor der Implementation eines Mentoring-Programms in Unternehmen ist es wichtig, zu reflektieren, was mit einem solchen Programm bezweckt werden soll. Ein Peer-to-Peer-Mentoring-Programm ist besonders in Transformations- oder Onboarding-Phasen eine sehr gute Alternative zu konventionellem Mentoring.

Literatur

Allen, T. D., Russell, J. A., & Maetzke, S. B. (1997). Formal peer monitoring: Factors related to protégés' satisfaction and willingness to mentor others. *Group and Organization Management, 22*(4), 488–507. ▶ https://doi.org/10.1177/1059601197224005.

Allen, T. D., McManus, S. E., & Russell, J. A. (1999). Newcomer socialization and stress: Formal peer relationships as a source of support. *Journal of Vocational Behavior, 54*(3), 453–470. ▶ https://doi.org/10.1006/jvbe.1998.1674.

Bergner, M. (2017). *Reverse Mentoring. Eine Methode, um dem demografischen Wandel entgegenzuwirken?* Munich: Grin.

Graf, N., & Edelkraut, F. (2017). *Mentoring – Das Praxisbuch für Personalverantwortliche und Unternehmer.* Wiesbaden: Springer.

Gregoire, P. (2017). *Mentoring reversed: The road to creativity and imagination.* Hong Kong: Proverse Hong Kong.

Henkel AG & Co. KGaA. (2016). Reverse Mentoring-Programm bei Henkel. Presseinformation, 4. Juli.

Kram, K. E. (1983). Phases of the mentor relationship. *Academy of Management Journal, 26*(4), 608–625.

Kram, K. E., & Isabella, L. A. (1985). Mentoring alternatives: The role of peer relationships in career development. *Academy of Management Journal, 28*(1), 110–132.

Niemeier, J. (2017). Reverse Mentoring: Neue Spielregeln, bewährte Prinzipien, Veröffentlichung in Centrestage. ▶ http://www.centrestage.de/reverse-mentoring-neue-spielregeln-bewaehrte-prinzipien/. Zugegriffen: 8. Febr. 2018.

Pflaum, S. (2016). *Mentoring beim Übergang vom Studium in den Beruf: Eine empirische Studie zu Erfolgsfaktoren und wahrgenommenem Nutzen.* Wiesbaden: Springer VS.

Sanchez, R. J., Bauer, T. N., & Paronto, M. E. (2006). Peer-mentoring freshmen: Implications for satisfaction, commitment, and retention to graduation. *Academy Of Management Learning & Education, 5*(1), 25–37. ▶ https://doi.org/10.5465/AMLE.2006.20388382.

Scholz, C. (2014). *Generation Z: Wie sie tickt, was sie verändert und warum sie uns alle ansteckt.* Weinheim: Wiley-VCH.

Schüller, A. M. (2017). Reverse Mentoring, Lassen Sie sich doch mal vom Azubi coachen, veröffentlicht in Wirtschaftswoche vom 15.08.2017. ▶ http://app.wiwo.de/erfolg/unternehmensfuehrung/reverse-mentoring-lassen-sie-sich-doch-mal-vom-azubi-coachen/20160798.html. Zugegriffen: 8. Febr. 2018.

Vujnovic, M. (2014a). Mit Reverse Mentoring und der Gen Y die Chancen des digitalen Wandels nutzen, Post in Centrestage. ▶ http://www.centrestage.de/2014/09/23/gen-y-mit-reverse-mentoring-die-chancen-des-digitalen-wandels-nutzen/. Zugegriffen: 8. Febr. 2018.

Vujnovic, M. (2014b). Reverse Mentoring: Fragen und Antworten, Post in Centrestage, ▶ http://www.centrestage.de/2014/10/10/reverse-mentoring-fragen-und-antworten/. Zugegriffen: 8. Febr. 2018.

Serviceteil

Auf einen Blick! – 100

Literatur – 105

Auf einen Blick!

Dieses Kapitel ist auch kostenfrei als Anhang (Back Matter) nach Eingabe der ISBN des Buches auf Springer Link verfügbar: https://link.springer.com/.

A.1 Inhalte eines Fachkonzepts

Präambel mit primärem Ziel des Programms	☐
Konkreter Nutzen für die Mentees	☐
Konkreter Nutzen für die Mentoren	☐
Persönliche und fachliche Anforderungen an die Mentoren	☐
Persönliche und fachliche Anforderungen an die Mentees	☐
Anmeldeprozesse für das Programm	☐
Schulung der Mentoren	☐
Vorbereitung der Mentees	☐
Matching von Mentoren und Mentees	☐
Ansprechpartner für Mentoren und Mentees	☐
Schirmherr des Programms	☐
Dauer des Programms	☐
Evaluation	☐
Qualitätssicherung	☐
Rahmenprogramm/Seminare für Mentees und Mentoren	☐

A.2 Nutzen für Mentees

Allgemeine Orientierung bei Karrierefragen	☐
Unterstützung bei konkreten Fragestellungen	☐
Hilfe beim Berufseinstieg oder Einstieg in einen neuen Job	☐
Steigerung der Problemlösungskompetenz	☐
Förderung der Persönlichkeitsentwicklung	☐

Fachliches Coaching	☐
Führungscoaching	☐
Persönliches und fachliches Feedback zur Selbstreflexion	☐
Bewerbungscoaching	☐
Selbstbewusstsein vermitteln	☐
Aufbau neuer Netzwerke	☐
Neue Karriereperspektiven	☐

A.3 Nutzen für Mentoren

Positives Gefühl, jemandem geholfen zu haben	☐
Sichtbarkeit im Unternehmen	☐
Anerkennung bei Kollegen und Führungskräften	☐
Wissensaustausch mit der nachfolgenden Generation	☐
Reflexion/Stärkung der eigenen beruflichen Identität	☐
Steigerung der eigenen Coaching- und Führungskompetenz	☐
Ehrenamt im Lebenslauf	☐
Karrierefortschritte	☐

A.4 Nutzen für Unternehmen

Akquise von Fachkräften	☐
Identifikation von Potenzialträgern	☐
Mitarbeiterbindung an das Unternehmen	☐
Steigerung der Identifikation mit dem Unternehmen	☐
Neue informelle Netzwerke	☐
Positiver Beitrag zur Unternehmenskultur	☐
Learning on the Job	☐

A.5 Mentoren-Profil

Positive Grundhaltung zur Organisation und zum Programm	☐
Hinreichend Erfahrung in relevanten Bereichen	☐
Selbstbewusste und reflektierte Persönlichkeit	☐
Offenheit und Neugier	☐
Identifikation mit der Organisation	☐
Identifikation mit den Zielen des Mentoring	☐
Guter Zuhörer	☐
Führungsqualitäten	☐
Gut vernetzt	☐
Bereit, seine Ressourcen zu teilen	☐
Ausreichend Zeit	☐

Fähigkeit und Bereitschaft zur Selbstreflexion	☐
Verbindlichkeit und Zuverlässigkeit	☐
Offen für Feedback	☐
Eigeninitiative	☐
Ausreichend Zeit	☐

A.8 Mentee-Bogen

Relevante persönliche Daten	☐
Foto	☐
Beruflicher Hintergrund	☐
Worte zur Persönlichkeit	☐
Motivation zur Teilnahme am Programm	☐
Erwartungen an den Mentor	☐

A.6 Mentoren-Bogen

Relevante persönliche Daten	☐
Foto	☐
Beruflicher Hintergrund	☐
Worte zur Persönlichkeit	☐
Motivation zur Teilnahme am Programm	☐
Angebot an den Mentee	☐
Erwartungen an den Mentee	☐

A.7 Mentee-Profil

Positive Grundhaltung zur Organisation und zum Programm	☐
Offenheit für neue Erfahrungen	☐

A.9 Commitment der Organisation zum Programm

Sichtbare Unterstützung der Idee von höchster Stelle	☐
Fester Ansprechpartner für die Teilnehmer des Programms	☐
Events und Veranstaltungen, exklusiv für die Teilnehmer	☐
Konkrete positive Effekte für die Karrieren von Mentees	☐
Konkrete positive Effekte für die Karrieren von Mentoren	☐
Mentoren-Schulung	☐
Gute Vorbereitung der Mentees	☐
Regelmäßige Evaluation	☐
Maßnahmen der Qualitätssicherung	☐

A.10 Events für Mentoren und Mentees

Auftaktveranstaltung	☐
Mentoring-Forum (z. B. einmal im Jahr) für Mentees und Mentoren	☐
Seminare exklusiv für Mentees und Mentoren	☐
Mentoren-Schulung	☐
Vorbereitungsschulung für Mentoren	☐
Gemeinsame Themenabende	☐
Gemeinsame Freizeitveranstaltungen	☐

A.11 Aufbau einer Mentoren-Schulung

Eröffnung durch Programmverantwortlichen und Trainer	☐
Definition Mentoring und Abgrenzung von anderen Unterstützungsformaten	
Die Rolle und (Nicht)-Verantwortung des Mentors in der Organisation	☐
Die Erwartungshaltung bezüglich der Dauer und der Frequenz des Mentorings	☐
Überblick über alle Prozessschritte, Unterstützungsangebote und Termine im Mentoring-Programm	☐
Tipps für das erfolgreiche Erstgespräch	☐
Üben der Erstgespräche	☐
Mögliche Themen im Mentoring und sinnvoller Umgang damit	☐
Tipps zur Unterstützung bei Entscheidungen	☐
Üben von Mentoring-Gesprächen mit dem Schwerpunkt Entscheidungsfindung	☐
Klärung aller offenen Fragen	☐

A.12 Matching-Prozess

Transparent für Mentoren und Mentees gestaltet	☐
Die Mentoren und Mentees haben Einfluss auf das Matching	☐
Die Mentees wählen ihren Mentor aus vorgeschlagenen Profilen aus	☐
Die Organisation stellt den Kontakt zwischen Mentor und Mentee her	☐
Der Mentee vereinbart mit dem Mentor ein erstes Treffen	☐
Mentee und Mentor geben sich offenes Feedback	☐
Falls beide Seiten zustimmen, Beginn des Tandems	☐
Rückmeldung an die Organisation	☐
Nachfrage der Organisation bei Mentor und Mentee	☐

A.13 Erstes Treffen

Angenehme Location, Café	☐
90–120 min Zeit	☐
Warum haben Sie sich für das Mentoring-Programm angemeldet?	☐
Was genau machen Sie derzeit beruflich?	☐
Was gefällt Ihnen an Ihrer derzeitigen Tätigkeit besonders/gar nicht?	☐
Wohin möchten Sie beruflich wachsen und warum?	☐
Wie kann ich Sie dabei auf den ersten Blick unterstützen?	☐
Welche Interessen haben Sie neben dem Beruf?	☐
Welche Ziele wollen wir uns für die nächsten beiden Treffen setzen?	☐
Offenes Feedback zum Tandem	☐

A.14 Mentoring-Vereinbarung

Kommunikationsregeln	☐
Häufigkeit der Treffen	☐
Fachliche Themen	☐
Persönliche Themen	☐
Konkretes Angebot des Mentors	☐
Feedback Kultur	☐
Verbindlichkeit	☐
Grober Zeitplan	☐
Optional: schriftliche Fixierung	☐
Orte der nächsten Treffen	☐
Optional: Mentoring-Tagebuch für den Mentee	☐

A.15 Krisen, in denen der Mentor helfen kann

Prüfung nicht bestanden	☐
Absage auf eine Bewerbung	☐
Übergangen in einer Entwicklungsrunde	☐
Konflikte mit der Führungskraft (mit Bedacht)	☐
(…)	☐

A.16 Grenzen des Mentoring

Abmahnung, Kündigung und andere arbeitsrechtliche Probleme	☐
Psychologische Probleme	☐
Familiäre Probleme	☐
Suchtprobleme	☐
Strafrechtlich relevante Probleme	☐
(…)	☐

A.17 Beenden einer Mentoring-Beziehung

Abschlussgespräch organisieren	☐
Beide Seiten geben sich offen Feedback	☐
Vereinbarung über künftigen Kontakt	☐

A.18 Evaluation

Möglichst offene Fragen formulieren	☐
Mentees und Mentoren befragen	☐
Wie gut war die Beratung bei der Auswahl der Mentoren?	☐
Wie zufrieden waren Mentee/Mentor mit dem Matching-Prozess?	☐
Wie zufrieden war man mit der laufenden Begleitung?	☐
Wo konnte der Mentor fachlich helfen?	☐
Wo konnte der Mentor persönlich helfen?	☐
Was soll optimiert werden?	☐
Welche Angebote für Mentoren und Mentees waren gut?	☐
Welche Angebote für Mentoren und Mentees fehlen?	☐

A.19 Mentoring im Lebenslauf

Der Mentee kann seine Teilnahme am Mentoring z. B. in folgenden Kategorien in den Lebenslauf aufnehmen: – Engagement über das Studium hinaus – Fort- und Weiterbildung – Freiwillige Unternehmens-Programme	
01.2017–02.2019	Teilnahme am Mentoring-Programm [Name des Programms] zur persönlichen und beruflichen Weiterentwicklung – [Name des Mentors] – [Berufliche Position des Mentors]
Der Mentor kann die Teilnahme am Mentoring unter dem Aspekt „Ehrenamtliches Engagement" anführen	
Seit 01.2017	Mentor im Mentoring-Programm [Name des Programms] Unterstützung von x Mentees bei deren persönlicher und beruflicher Weiterentwicklung

A.20 Textvorschlag: persönliche Referenz des Mentors

Im Rahmen meiner ehrenamtlichen Tätigkeit als Mentor für [Unternehmen x] lernte ich am [Datum] meinen Mentee [Name] kennen und begleite ihn seitdem auf seinem beruflichen und persönlichen Weg.

Ich schätze [Name] als einen sehr [z. B. klugen, wissbegierigen, intelligenten] und [z. B. motivierten] Mentee. Besonders [z. B. seine offene und sympathische Art] machen ihn zu einem angenehmen Gesprächspartner. Der Austausch mit ihm war und ist auch für mich stets gewinnbringend.

Mich beeindruckt seine hohe Motivation und im besten positiven Sinne sein Ehrgeiz sowie seine Umsicht bei der Gestaltung seiner Karriere. Ich kann [Name] jedem Arbeitgeber uneingeschränkt empfehlen.

Sehr gerne stehe ich jederzeit für eine persönliche Referenz zur Verfügung und wünsche [Name] für seinen beruflichen und persönlichen Weg das Beste.

Literatur

Edelkraut, F., & Graf, N. (2016). *Mentoring. Das Praxishandbuch für Personalverantwortliche und Unternehmen.* Berlin: Springer Gabler.

Pflaum, S. (2016). *Mentoring beim Übergang vom Studium in den Beruf: Eine empirische Studie zu Erfolgsfaktoren und wahrgenommenem Nutzen.* Wiesbaden: Springer VS.

Printed by Printforce, the Netherlands